边玩边学丛书

BIANWAN BIANXUE
CONGSHU

边玩边学化学

本书编写组◎编

宋立伏　曾楠　王兴芳等◎编著

世界图书出版公司

广州·北京·上海·西安

图书在版编目（CIP）数据

边玩边学化学／《边玩边学化学》编写组编 . — 广
州：广东世界图书出版公司，2010.4（2024.2 重印）
ISBN 978 - 7 - 5100 - 1988 - 3

Ⅰ. ①边… Ⅱ. ①边… Ⅲ. ①化学 - 青少年读物
Ⅳ. ①O6 - 49

中国版本图书馆 CIP 数据核字（2010）第 049888 号

书　　　名	边玩边学化学
	BIAN WAN BIAN XUE HUA XUE
编　　　者	《边玩边学化学》编写组
责任编辑	柯绵丽
装帧设计	三棵树设计工作组
出版发行	世界图书出版有限公司　世界图书出版广东有限公司
地　　　址	广州市海珠区新港西路大江冲 25 号
邮　　　编	510300
电　　　话	020-84452179
网　　　址	http://www.gdst.com.cn
邮　　　箱	wpc_gdst@163.com
经　　　销	新华书店
印　　　刷	唐山富达印务有限公司
开　　　本	787mm×1092mm　1/16
印　　　张	13
字　　　数	160 千字
版　　　次	2010 年 4 月第 1 版　2024 年 2 月第 4 次印刷
国际书号	ISBN　978-7-5100-1988-3
定　　　价	59.80 元

"光辉书房新知文库"

总策划/总主编:石　恢

副总主编:王利群　方　圆

本书作者

宋立伏　清华大学附属中学化学教师

曾　楠　北京市铁路第二中学化学教师

王兴芳　北京市第十中学化学教师

何玉蓉　北京市第十中学化学教师

郑娜敏　河北省安国市石佛中学化学教师

序：在玩中学，在学中玩

进入 21 世纪以后，人类社会已经跃入了崭新的知识经济时代，无论是在国家还是个人层面上，科学知识都起着越来越重要的作用。从某种程度上来说，科学知识决定着我们的事业成败和生活质量。认识这种时代特征，并按其要求去设计自己的人生道路，既是当代中学生朋友的神圣使命，也是其责无旁贷的光荣义务。

但是，对于不少中学生朋友来说，学习科学仿佛是一件沉闷、枯燥、乏味的事情。在他们眼中，数理化好像只是一堆令人生厌的公式和符号，语文、历史、地理等文科科目也只是大段枯燥、严肃的文字叙述，当然文理科也是有共性的，就是没完没了的习题和例题。快快乐乐地学习似乎是一个遥不可及的神话。

造成这种尴尬局面的因素很多，但是没有处理好科学的现象与本质、具体与抽象、知识与应用等的关系是其中之一。正是因为我们的教材太过于强调科学的知识性、抽象性、深刻性而忽略其实用性、多样性、趣味性，才使得正处在好动爱玩年龄的中学生们将学习科学知识视为一种痛苦的体验，认为科学探究是枯燥的、冷冰冰的，毫无乐趣可言。

难道，学习科学就真的不能成为一件快乐而有趣的事情吗？如何将学习演绎成快乐呢？对于天性爱玩的中学生来说，"边玩边学"不失为一个有效的途径。

正是基于这样的认识，我们邀请长期活跃在教学一线的老师和学者为广大中学生朋友精心编写了这套"边玩边学"丛书，丛书包括十个单册，分别是《边玩边学数学》《边玩边学物理》《边玩边学化学》《边玩边学生物》《边玩边学语文》《边玩边学地理》《边玩边学历史》《边玩边学心理学》《边玩边学经济学》《边玩边学科学》，希望为中学生朋友真正带来学习的乐趣。

一位教育家说过，"游戏是由愉快促动的，它是满足的源泉"。在这套丛书中，编者老师们根据中学生的心理特点和教材内容，设计了各种实验和游戏，创设了生动的情境，或者通过生动形象的故事和俗语引入，以"玩"为明线，以"学"为暗线，寓学于玩，给中学生朋友的学习营造一种愉快的氛围。这种氛围不但能调动他们的学习热情，还能提高他们的观察、记忆、注意和独立思考能力，不断挖掘他们的学习潜力。因为这"玩"并非单纯的玩，而是借助中学生爱玩的天性来激活他们的思维，以"在玩中学，在学中玩"的方式培养他们仔细观察、认真思考的习惯，提高他们发现问题、提出问题和解决问题的能力，使他们玩得开心，学得酣畅！

我们衷心希望这套小书能够帮助同学们走近科学，促进大家形成热爱科学知识，喜欢阅读，勇于探索的良好习惯，并为同学们带去愉快和欢乐！

本丛书编委会

前　言

化学是一门"核心、实用、创造性"的科学，在自然科学领域里占据战略地位。在现代生活中，无论衣食住行，还是生老病死，都与化学紧密相关。大千世界无奇不有，那么多的奥妙，难么多的疑点，那么多的新鲜事物，都蕴含着丰富的化学知识。

但对于低年级的孩子们来说，虽然他们在幼儿园至小学科学课程中学习了一些零散化学知识，但一提起化学，仍然感觉它很神秘、很神圣，好像离自己的生活很遥远，认为只有化学研究人员在实验室里进行科学研究才能称之为化学，可以说对化学心存敬畏。

如何打破孩子们对化学的神秘感，使孩子们以轻松愉悦的心情初步体验化学学科的价值，像化学家那样用眼睛观察，像化学家那样用头脑思考？

作为化学教育工作者，长期从事一线教学，较熟悉孩子们的知识结构和认知特点。我们摒弃了枯燥乏味、高深莫测的学术性说教，用实验说话，以孩子身边熟悉的现象或事物为载体，渗透寓教于乐的教育思想，设计一系列趣味性较强的活动（"玩耍"），将抽象的化学知识借助实验手段直接复原为实验这种具体的物质形态，使孩子们在活动中轻松学习一些化学知识，掌握一些科学方法，养成良好的科学态度，引导孩子从化学的视角审视或看待身边的现象或事物，对孩子们进行一些化学启蒙教育，成为我们编写此书的初衷。

"边玩"，实际上是操作、实验、调查、观测；"边学"，不仅仅是学习化学知识，更主要的是学习科学方法和思想。我们衷心希望，这本书能为青少年朋友走向科学道路给予一点启迪和帮助。希望你阅读完这本书之后，能够更加保持对化学事物的新奇感，有意识地培养敏锐的观察力，并学会科学解决化学问题的方法，争取将来能够在化学科学这个广阔的领域里大展宏图！

在知识内容上，我们设计了41篇活动，着力凸显化学学科核心知识和观念，具有较完整化学知识体系，而不是零乱的化学知识罗列。

在呈现方式上，采用了一种不同于教科书式的呈现方式，以故事的形式，设定了四位学生（文文、川川、佳佳、悠悠）、一位老师（温老师）和两位家长（司先生、钟女士）作为故事的人物，把主人公身边熟悉的现象以故事的形式引入、分析，提出问题，求助同学、老师、家长，设计实验，一起行动，最后汇报成果。以栏目形式介绍一些相关资料，开阔学生视野。整个活动设计包含了科学探究的各要素，渗透合作学习的思想，体现人文关怀，渗透心理疏导。

本文作者均为一线化学教师，在实施新课程的过程中，积极学习、思考，不断尝试，尤其在设计、指导学生活动中积累了丰富的经验。本书主要供7~9年级学生阅读，也可供中小学教师及科技辅导员参考。

由于作者学识所限，经验不足，虽经反复讨论、修改，仍不免有不完善之处，呈现之时也是静待各位读者朋友不吝赐教、批评指正之时。希望我们的付出能够为孩子们送去一份来自化学学习的欢乐！

目录

1 闻香识物

情景导入

第一天来上课，大家都充满了期待，化学老师温老师带来了很多个棕色玻璃试剂瓶，让大家猜里面装的是什么。瓶子是棕色的，里面有的装的是固体，有的装的是液体，但是看不清楚，怎么猜呢？仔细观察，瓶塞上有一个小孔，是什么东西在里面，可以闻一闻？

求助同伴

小川、文文、佳佳和悠悠，分别闻了闻，原来分别是：牛奶、柠檬汁、酱油、醋、白酒、花露水、玫瑰花汁、大蒜、泡菜、姜、洋葱。

为什么我们可以通过闻气味鉴别物质呢？

四位同学决定请教老师。

请教老师

温老师对于他们提出的问题，并不急于给出答案，而是让他们做了一个小实验。

材料：两个烧杯，一瓶红墨水，一杯蒸馏水，两个胶头滴管

步骤：

（1）取一个烧杯，注入半杯自来水，向其中滴加 3 滴红墨水，观察红墨水滴加到蒸馏水中的变化。

（2）另取一个烧杯，滴加 10 滴红墨水，再向其中逐滴滴加 10 滴蒸馏水，观察红墨水的颜色变化。

佳佳说："红墨水进入到蒸馏水里面去了，蒸馏水也能进入到红墨水里面去。"

悠悠问："这能说明气味的问题吗？"

温老师笑了笑，又接着做了第二个实验。

实验二

材料：酒精灯、三脚架、石棉网、火柴、烧杯、醋

步骤：

（1）将试剂瓶中盛放的醋倒出少许于烧杯中，闻一闻气味。

（2）将酒精灯置于三脚架下方，将石棉网放在三脚架上，将烧杯放在石棉网上，点燃酒精灯，加热。观察现象并设计表格记录实验现象。

讨论：

（1）醋在加热前后味道是否一样？有什么不同？

（2）分子受热时运动速度会加快，这有什么实际意义？

边玩边学化学

人的嗅觉的刺激物通常都是气态，而不是液态或固态；某种气态的微粒被呼吸带入鼻孔，从而刺激到带有黏膜上的细胞，这些刺激所引起的神经脉冲会被嗅觉神经传送到大脑，从而感知气味。组成物质的有一种微粒叫"分子"，分子总是在无规则地做运动，这种运动叫扩散，类似于我们看到的，红墨水溶于蒸馏水中，蒸馏水溶于红墨水中。试剂瓶是棕色的，透过试剂瓶，我们虽然无法用视觉辨认醋、白酒、酱油等这些物质，但由于其中有气味的分子变成气态扩散到空气中，使我们能通过闻气味来识别它们。在一些行业比如茶叶、咖啡、香水、葡萄酒、黄油、药剂等，从业者经过长时间的训练可以培养出无与伦比的嗅觉，以辨认商品的优劣与等级，这就叫"闻香识物"。

而升高温度，会使分子的运动加剧，加速了扩散，所以我们给醋加热，大家能闻到满屋子的醋味儿，熏醋可以杀菌，还可以预防感冒。

"闻香识物，与分子的扩散有关！"小川说。

"对！我国古人曾有赞美菊花的诗句'冲天香阵透长安'就形象地说明了分子的运动。"温老师说。

"闻香识物，还与那么多职业有关。"文文说。

"通过闻香识物，有时候我们还可以在日常生活中发现一些'异常'的味道，而'异常'的味道往往预示着一些危险，因此，这会帮助他们发现生活中的一些隐患，以便防患于未然。"温老师补充道。

"我们都知道，公共场合禁止吸烟，为什么呢？谁能从分子的角度来解释一下？"温老师提问道。

悠悠说："因为烟中含的有毒分子的运动，导致周围的人被动吸烟，被动吸烟对身体的害处比主动吸烟更大。"

"战争中，有人使用生化武器，就是利用分子的运动让毒气向对方的阵地扩散，对敌人造成伤害。"小川补充。

"这真是太糟糕了！我想把闻香识物的知识，还有分子运动的益处与害处告诉同学们。"佳佳说。

"那我们开始行动吧！"悠悠说。

"好啊！"大家齐声说。

汇报成果

我们计划出一期班级黑板报向大家展示与分子运动有关的知识。

化学谜语

1. 五彩缤纷。（打五种元素）

2 难分离的玻璃杯

情景导入

　　文文一早到校发现悠悠没来，就去问老师，知道悠悠生病了。于是他约了小川和佳佳放学一起去看悠悠。

　　到了小悠家，开门的是小悠的妈妈，阿姨非常高兴，拿出了很多好吃的招待他们。

　　"渴了吧，你们都喜欢喝什么呢？"小悠妈妈问他们。

　　"阿姨，我们喝点水就可以了。"小文非常懂事。

　　"好，小悠感冒了，我把杯子再洗一洗！"

　　"阿姨我们自己来洗吧！"说着，小川已经一个箭步冲到阿姨跟前，将杯子接了过去。

　　小川认真地将杯子洗干净，想一下子拿到客厅里，于是他将其中两个杯子摞到一起用右手拿着，左手拿了一个单独的杯子，快步走回客厅，阿姨已经准备好了鲜橙汁。

　　阿姨接过小川左手的杯子，倒了满满一大杯交给了小佳。但是小川洗的另两个杯子任小川费多大的劲也分不开了！

　　阿姨接过杯子试了半天，结果也分不开。"没关系，小川，不过只好让你再洗两个杯子了！"

5

大家陪悠悠聊了一会儿，就和他们道别了，临走时都关切地提醒悠悠多喝水多休息。

回家的路上小川一直在想，为什么小悠家的湿玻璃杯分不开呢？是不是以后都分不开了呢？不行，我明天一定要去问问老师！

第二天一早，小川把小文他们招集过来，说："你们还记得昨天小悠家那对分不开的杯子么？"

"记得呀，阿姨不是说没关系么？"大家说。

"但是如果那对杯子永远分不开，阿姨就不能再用了，我想我们去问问老师看看该怎么办，也好告诉阿姨！"

"好！"他们决定请教老师。

温老师耐心地听完他们的讲述，先让他们做了一个小实验。

实验一

材料：橡皮筋、洗净的玻璃片（5 厘米 ×5 厘米左右）、黏胶（能将玻璃和橡皮筋粘在一起的胶）、弹簧秤

步骤：

如图 2-1，

（1）用黏胶将玻璃片吊在橡皮筋的下端用弹簧秤钩住橡皮筋，称出重量。

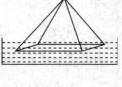

图 2-1

（2）使玻璃片水平地接触水面。

（3）用弹簧秤钩住橡皮筋向上拉，并记录拉力数值，与玻璃片的重量比较。

讨论：为什么拉动玻璃板的力要远远大于玻璃板的重力呢？

实验二

材料：两个圆柱形铅块、砝码

步骤：

（1）将两个圆柱形铅块的端面刮平。

（2）试着在铅块下面悬挂一个砝码，记录所能悬挂的砝码的最大质量。

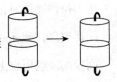

图 2-2

（3）用力挤压让两个铅块的端面紧压在一起（如图 2-2 所示）。

（4）将铅块悬挂起来后，下面由小到大吊起砝码。重复 3 次，记录悬挂的砝码的最大质量，并求出平均值。

讨论：第 2 步和第 4 步中，悬挂的砝码重量一样吗？为什么？

总结：

（1）对玻璃板的拉力会大于玻璃板的重力，说明玻璃板离开水时，克服水分子的引力需要一定的力。

（2）两个圆柱形铅块，当把端面刮平后，让它们端面紧压在一起，合起来后，它们不分开，而且悬挂起来后，下面还可以吊起一定量的重物，说明要使铅块分开也需要一定的力。

我们知道物质是由微粒构成的。组成水的微粒叫"分子"，分子间存

在着引力和斥力，这两种力较量的结果就是任意两个水分子间都有一定的间隔。

从分子间的相互作用产生的分子间作用力这一方面讲，分子间的引力和斥力都随分子间距离增大而减少，尤其斥力随距离增大减小得更快。

当我们将两个圆柱形铅块的端面刮平后，让它们紧压在一起，合起来后，它们不分开，而且悬挂起来后，下面还可以吊起一定量的重物。还有平时人们用力拉伸物体时，为什么不易拉断物体？是因为此时分子间的力表现为引力。同样道理，套在一起的湿玻璃杯由于水分子间的力表现为引力难以分开，从水面拉起玻璃板也由于水分子间的力表现为引力而使得拉力大于重力。

但是当两分子间距离大于一定倍数时，两个分子基本上可以说是不受力了，就像一个杯子摔碎了粘好后也不会像新的一样了，再通俗一点的说法就是"破镜不能重圆"，若想削弱分子间的力，可以使分子间的距离增大到一定程度（分子间距离接近 10^{-9} 米），分子间作用力将微小到可忽略的程度。

如果将上面的玻璃杯倒入冷水，下面的玻璃杯放在热水中就可以轻松的帮助小川将湿玻璃杯分开了！

汇报成果

用力拉伸物体时，物体难分离体现构成物质的分子间有引力，生活中还有哪些实验事实可以说明分子之间有引力呢？

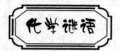

2. 富贵不能淫。（打八种化学元素）

3 指纹再现

昨天晚上，小川看了一个动画片《谁偷吃了我的奶酪》，大致内容是胖胖熊的奶酪不见了，那是胖胖熊的奶奶从新西兰给他带回来的，它一直不舍得吃，不知道被谁偷吃了，只剩下包奶酪的纸，胖胖熊很生气，打电话叫来警察。警察仔细观察了四周，用相机拍下了脚印，戴上手套，将包奶酪的纸放在密封的塑料口袋里拿走了，经指纹检验后，他宣布：小偷是小老鼠。

看完动画片后，小川心想："指纹检验"是怎么一回事呢？

小川打电话问文文，文文想了想说："是不是和分子扩散有关？"他俩决定请教老师。

"温老师，指纹检验是不是和您上次给我们讲的分子有关？"小川跟老师求证文文的想法。

"我先问问大家，什么是指纹？"温老师并不急着回答小川。

"指纹不就是手指头上的这些圈圈嘛。"文文说。

"你说对了一部分。指纹是指手指正面皮肤上凹凸不平的纹路，由于有这些凹凸纹路的存在，增加皮肤表面的摩擦力，使得我们能够用手方便地抓起重物。"

指纹俗称手印，大家看一些古装戏中罪犯认罪后，都要把手指在一盒红色的印泥里蘸一下，然后在供词上用力按，这样就留下了手印，表现出了我国古代就以指纹来表示罪犯对供词的确认，是有法律意义的。

指纹

指纹有广义狭义之分。狭义的指纹是指人的手指第一节手掌面皮肤上的乳突线花纹；广义的指纹则包括指头纹、指节纹和掌纹。指纹与指印在字面上有区别，即指纹是指手指第一节手掌面皮肤上的乳突线花纹，指印则是这个乳突线花纹留下的印痕，但是在司法实践中，约定俗成，指纹与指印的概念是通用的。

"下面我们先通过实验来了解现代的警察是怎么发现罪犯的指纹吧。"温老师说。

实验

材料：碘酒、剪好的易拉罐小盒、蜡烛、白纸、火柴

步骤：

（1）取一张干净的白纸，在白纸上印上指纹。

（2）看一看白纸上有没有指纹的印迹。

（3）把少量碘酒放进铁盒里。

（4）点燃蜡烛，加热铁盒（一直加热到碘酒变干，有紫红色蒸气放出时），将印有指纹一面的白纸对着蒸气。观察现象。

（5）换一位同学重复步骤1～4。如果其他同学有兴趣，也可以反复进

边玩边学·化学

行实验。

讨论：比较各位同学的指纹是否相同？各有什么特点？

1. 纸上为什么会显出指纹来呢？

原来，皮肤表面的指纹是凸凹不平的，隆起部分称为脊线，凹陷部分称为谷线。这种脊线和谷线分布模式是由皮肤表皮细胞死亡、角化，在皮肤表面积累形成的。

指纹放大图

人的皮肤表面总有些油脂，对皮肤起保护作用。谷线，也就是低的地方油脂多一些；高的地方，也就是脊线，油脂就少些，手指按到纸上，油脂就被纸吸收，油脂在纸上分布也同样是不均匀的，但和指纹上油脂分布情况相同。

2. 碘酒受热时会直接变成气体，这个过程叫升华；气体受冷时又会直接变成固体，这个过程叫凝华。碘的分子受热后运动加剧，扩散后遇冷又凝华在白纸上的油脂里，于是纸上就出现颜色深浅不一的指纹。也就是"指纹再现"。

3. 最早将指纹检验技术应用于侦查破案的时间是 1892 年，在阿根廷，用指纹证据使一名杀害自己两个孩子的妇女招供了罪行，这是现代指纹检验技术第一次被法庭采用。现代使指纹再现的方法很多，不仅可用于侦查破案，还可以用于疾病的诊断。

4. 指纹之所以有很多用途是由它的特点决定的：

①相对稳定性：从胎儿六个月指纹完全形成到尸体腐烂，指纹纹线类

型、结构、统计特征的总体分布等始终没有明显变化。

②明显的独特性：同卵双胞胎的指纹也是不相同的。据权威估计，两个指纹完全一致的概率几乎为0，也就是说，几乎没有两个指纹是完全一致的。

③可分类性：指纹纹线的排列和分布都有一定的规律。

汇报成果

不妨在课后查找一些有关指纹的资料，比如鉴定指纹的其他方法、利用指纹破案的真实案例等。

化学谜语

3．端着金碗的乞讨者。（打一化学元素）

4　有趣的二氧化碳

情景导入

　　星期天小川家来了客人，小川高兴地忙前忙后，招待大家。该吃饭了，妈妈叮嘱小川拿出家里的可口可乐让客人喝，这也是小川的最爱。客人家的一个小弟弟也非常喜欢，拿着瓶子不放手。小川拿来杯子准备给大家倒，刚一打开盖子，可乐就冒着气泡，嗞嗞响着从瓶口冒出来，还洒到桌子上一点，让小川很不好意思。

　　"哥哥，怎么会有这么多气泡呢？"

　　"这是二氧化碳气体。"小川解释说。

　　"二氧化碳是什么？它们是怎么进到汽水里的呢？"弟弟的话问住了小川。

请教老师

　　正好这天上化学实验课时，温老师带来了一些材料。

　　"同学们不是都喜欢喝汽水吗，下面我来教大家自制汽水吧。"温老师说。

　　小川非常高兴，他正为这个问题困扰呢。

实验一

　　材料：白糖、果味香精、碳酸氢钠、柠檬酸

用具：汽水瓶

步骤：

（1）将一个汽水瓶洗刷干净。

（2）瓶里加入占容积80%的冷开水，再加入白糖及少量果味香精。

（3）然后加入2克碳酸氢钠，搅拌溶解。

（4）迅速加入2克柠檬酸，并立即将瓶盖压紧，使生成的气体不能逸出，而溶解在水里。

（5）将瓶子放置在冰箱中降温。取出后，打开瓶盖就可以饮用。

"哎，大家看，有二氧化碳生成，和买的汽水一样。"悠悠发现新大陆一样。

"太好了，以后我在家也可以制汽水了，不过这是怎么回事呢？"文文说。

"加入的物质间发生了化学反应。"小川说。

讨论：生成的这些气体是什么气体？它是哪些物质发生反应的结果？为什么实验中要迅速盖紧瓶盖？打开瓶盖会出现什么现象？为什么？

听温老师讲解

1. 以上实验中碳酸氢钠、柠檬酸发生了化学反应，产生大量的二氧化碳，通过加压的方法，使二氧化碳气体溶解在水里。汽水中溶解的二氧化碳越多，质量越好。

2. 当打开瓶盖时，瓶内的压强减小，溶解在水中的二氧化碳就从水中跑出来了。

3. 二氧化碳从体内排出时，可以带走一些热量，因此喝汽水能解热消渴。

温老师说："其实二氧化碳对于我们的生活还有很多影响，农民说它是植物粮食，消防官兵说它是灭火先锋，环境学家称它是罪魁祸首。人们为什么这样说呢？做做以下的实验吧。"

实验二

材料：蒸馏水、溴百里酚蓝试液、稀氢氧化钠溶液、水生植物

用具：滴管、试管（带塞子）

步骤：

（1）在一个大试管中，加入 10~20 毫升的蒸馏水，再加入几滴溴百里酚蓝试液，振荡混合后，溶液呈蓝绿色。用极少量的稀碱液把溶液调至蓝色。

（2）向溶液里通入二氧化碳气体，直到溶液变成黄色为止。

（3）在大试管中放入一些水生植物（如藻类），用塞子塞紧试管口，然后插入试管架，把这试管放在阳光或日光灯下，经过一段时间。

讨论：你观察到什么现象？为什么会产生这种现象？

听温老师讲解

1. 溴百里酚蓝是一种酸碱指示剂，变色范围 pH 值 6.2~7.6，颜色由黄色变为蓝色。

2. 用少量的稀碱液调溶液呈蓝色表明这时溶液的 pH 值 ≥7.6，吸入二氧化碳后，溶液呈黄色，pH 值 ≤6.2，植物发生光合作用时摄取二氧化碳，溶液 pH 值升高，溶液又由黄色变为蓝色。

3. 陆生植物光合作用所需要的碳源，主要是空气中的二氧化碳，二氧化碳主要是通过叶片气孔进入叶子。大气中的二氧化碳含量如以容积表示，仅为 0.03%，但光合作用过程中吸收大

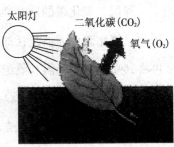
太阳灯　　二氧化碳（CO₂）　　氧气（O₂）

植物的光合作用

量的二氧化碳，如向日葵的叶面吸收 CO_2 0.14 厘米^3/时·厘米^2。

实验三

材料：食用醋适量、食用碱、碟子、烧杯、火柴、蜡烛、勺子

实验步骤：

（1）将蜡烛切成约 2 厘米高的小蜡烛（两根）。

（2）将其中一支粘在碟子上，另一只粘在小烧杯的底部。

（3）在小烧杯中蜡烛的周围均匀地撒上食用碱，并将两只蜡烛同时点燃。

（4）向小烧杯中沿烧杯壁注入适量食醋。

讨论：

"盘子中的蜡烛还在燃烧，烧杯中的蜡烛熄灭了。"同学们看到这个现象都没有想到生活中常见的这些东西竟然还有这么神奇的变化。

"因为醋和食用碱发生反应，生成了二氧化碳，使蜡烛发生了变化。"悠悠说。

听温老师讲解

利用二氧化碳的这些性质，可以灭火。

二氧化碳灭火器是在加压时将液态二氧化碳压缩在小钢瓶中，灭火时再将其喷出，有降温和隔绝空气的作用。二氧化碳具有较高的密度，约为空气的 1.5 倍。在常压下，液态的二氧化碳会立即汽化，一般 1 千克的液态二氧化碳可产生约 0.5 立方米的气体。因而，灭火时，二氧化碳气体可以排除空气而包围在燃烧物体的表面或分布于较密闭的空间中，降低可燃物周围或防护空间内的氧气浓度，产生窒息作用而灭火。另外，二氧化碳从储存容器中喷出时，会由液体迅速汽化成气体，而从周围吸收部分热

量，起到冷却的作用。

利用二氧化碳来灭火

二氧化碳灭火器

实验四

器材：两个相同的塑料瓶、两根相同直径的玻璃管、两个橡皮塞

药品：红墨水、二氧化碳气体

实验步骤：

（1）如图4-1，取两个完全相同的塑料瓶，瓶口加塞子，插入吸管（将水柱封在管中）。

（2）其中一个瓶中充入高浓度二氧化碳，一瓶是空气，同时放在阳光下照射。

（3）一段时间后，观察有什么现象。

图 4-1

讨论：为什么会出现这种现象？

总结：盛高浓度的二氧化碳瓶中的水柱比另一瓶中水柱上升得快，表明其温度升高快（气体受热膨胀）。

听温老师讲解

空气中含有二氧化碳，而且在过去很长一段时期中，含量基本上保持

恒定。这是由于大气中的二氧化碳始终处于"边产生、边消耗"的动态平衡状态。二氧化碳是一种温室气体。大气中原有温室气体包括水汽、二氧化碳、臭氧、甲烷等，捕获地表发射的红外辐射，加热地表

温室效应

及近地面空气，使全球平均地表温度从 – 19℃ 提高到适合人类生存的 15℃。这就是"自然温室效应"。

工业化革命以来，人类活动引起大气中温室气体浓度迅速增加，改变了地球能量辐射与吸收的状况，从而大大强化了原有的自然温室效应，使得地球表面温度上升。我们称之为"增强温室效应"。1906 ~ 2005 年全球平均地表温度增加了 0.74℃。

因此，人类必须有效地控制二氧化碳含量增加，控制人口增长，科学使用燃料，加强植树造林，绿化大地，防止温室效应给全球带来的巨大灾难。

讨论：你怎样客观评价二氧化碳对人类的影响？

汇报成果

1. 同学们可能提出哪些问题需要我们回答？
2. 我也能设计一个关于二氧化碳的小实验。

化学谜语

4. 石旁伫立六十天。（打一化学元素）

5　间谍密信中的化学

　　暑假里小川有点迷上了谍战剧，剧中情节跌宕起伏，悬念丛生，紧张刺激，看着真过瘾，他对电视剧中的地下工作者佩服极了。他们心中充满坚定的革命信仰，面对生死考验，从容镇定，遇到险情，机智勇敢。比如为了传递情报，情报人员把得到的情报内容秘密写在一张纸上，得到情报的人员对纸进行特殊处理，从而得到情报内容。他们真聪明，他们是用什么物质写字的呢？又是怎样显示信的内容呢？小川非常想知道其中的奥秘。

　　小川把自己的想法说给文文、佳佳、悠悠听，他们也很感兴趣，决心研制出密写试剂。

　　"纸看上去好像是一张白纸，写密信的书写液应该是无色或白色的，这样在白纸上才看不出来。"佳佳说。

　　"这种物质遇到其他物质或在一定条件下会发生变化，显示出痕迹。"悠悠也发表自己的看法。

　　"我曾经在小说中读到革命者在监狱里用米汤写信。"文文突然醒悟似的说道。

用米汤写的信怎样显示出来呢？还有用哪些试剂和方法才能完成并解读一封密信呢？四位同学决定请教老师。

请教老师

温老师听完他们的讲述，肯定了他们的思路。告诉他们密信的书写并不复杂，方法也很多，可以通过实验验证一下。

实验一

材料：淀粉溶液、碘酒、棉签、纸、试管、毛笔

步骤：

（1）取少量淀粉溶液于一支试管中，滴入几滴碘酒，观察淀粉溶液的变化。

（2）用毛笔蘸取淀粉溶液在白纸上写字，晾干。拿一支棉签蘸取碘酒溶液，在纸上轻轻地涂过去，观察纸的变化。

讨论：

（1）为什么可以用米汤写信呢？

（2）还有其他的方法吗？

温老师听完大家的讨论，又让他们做了一个实验。

实验二

材料：酚酞溶液、5% ~ 10% 的氢氧化钠溶液、牛奶、毛笔、纸、试管、棉签、喷壶

步骤：

（1）取少量氢氧化钠溶液于一支试管中，滴入几滴酚酞溶液，观察溶液变化。

边玩边学化学

（2）用毛笔蘸取稀氢氧化钠溶液在白纸上写字，晾干。用喷壶将酚酞溶液喷在纸上，观察纸的变化。

（3）用棉签蘸着牛奶在白纸上写字，晾干，把干了的纸放在蜡烛火焰上方烘烤一会儿，观察纸的变化。

讨论：用牛奶写字和用米汤写字原理相同吗?

实验三

材料：白纸、钢丝圈、白醋、茶水、毛笔

步骤：

（1）先将干净的钢丝圈放入到少量的食用白醋中，在盆里加热水，把装有醋的玻璃杯小心地放到盆里，使醋升温；一段时间后，用毛笔蘸该溶液在纸上书写简单的字后，将写过字的纸晾干。

（2）将晾干的纸浸入茶水中，观察现象（颜色及其深浅）。

实验四

材料：白纸、硝酸银、小塑料棒

步骤：

（1）用小塑料棒蘸硝酸根在纸上书写简单的字后将写过字的纸晾干。

（2）将晾干的纸在强光下照射，观察现象（颜色及其深浅）。

注意：避免硝酸银沾到皮肤或衣服上。

实验五

材料：白纸、葱汁或柠檬汁、水笔、蜡烛

步骤：

（1）将葱或柠檬榨出汁，用水笔蘸上葱汁或柠檬汁在纸上书写简单的字后将写过字的纸晾干。

（2）点着蜡烛，将晾干的纸凑近热源，观察现象（颜色及其深浅）。

注意：不要烤太久，否则纸会起火。

讨论总结：

（1）溶液密写，就是用特殊的无色溶液写在纸上，到读取时再涂上另一种与之反应后有颜色变化的溶液，或者是将一些物质写在纸上，在一定条件下发生变化，显示出痕迹。

（2）物质的性质决定了物质能否用于密写。

听温老师讲解

密写是情报人员最早的联络方法之一。即利用某些有机化合物或无机化合物对纸张的潜隐性能，在纸上写出眼睛看不见的文字，再通过一定的光、热、蒸气和化学的作用显示出字迹来的一种秘密的通信方法。密写的具体种类主要有：溶液密写、复写密写、干写、压痕密写以及潜影密写等。

密写技术在现在代生活中应用成防伪技术，如2008年北京奥运会的门票就采用防伪技术。通过两种特殊的材料相遇来检测真伪，在造纸时就加入了密写化学物质，制成了图案，平时看不出来，当含有另一种相应的密写材料的印章盖上之后，如果显示出图案，票就是真的，否则就是假的。滴水防伪是在票面上印有清晰的图案，一旦遇水就消失，干了之后重新恢复。这两种防伪技术同时运用在门票上，大大增加了防伪的可靠性和成功率。

"没想到密写的学问这么大！"小川感慨道，"我们开一次密写与防伪

边玩边学化学

的主题班会吧。"

"好啊!"小川的提议得到了大家的赞同。

"我们马上就要参加考试了,我看我们还可以利用所写的内容给同学们鼓劲。"

"比如写上一分耕耘、一分收获、前程似锦……"同学们立刻开始了班会设计。

汇报成果

俗话说:"道高一尺,魔高一丈。"有密写的方法,就有破解密写的方法,不妨搜集相关资料告诉大家吧。

5. 天府之国雾气笼。(打一同位素)

6 烧不坏的纸锅

情景导入

边玩边学化学

　　家里来客人了，中午爸爸妈妈和佳佳到了一家新开张的火锅店，为客人接风洗尘。服务员端上桌的火锅外形很漂亮。

　　"咦？这火锅怎么好像是纸做的？"小佳好奇地用手轻轻摸了摸火锅。火锅精巧漂亮，白色的底衬着火锅食料，干净、醒目。服务员熟练地在锅里加入汤料、点火，不一会儿水就开了。接风宴在热情的欢迎词中开始了。

纸火锅

一顿饭下来，纸火锅安然无恙。这是怎么回事呢？小佳礼貌地和服务员商量了一下，将用过的纸火锅带回了家。

"悠悠，你猜我们今天吃的火锅是用什么做的？"一回家，佳佳就打电话炫耀开了。

"火锅是用什么做的？还能用什么做，肉和菜呗。"

"不对，我的意思是锅，火锅的锅是用什么做的？"

"锅？铜的？铁的？不锈钢的？还能是什么的？"悠悠有点不耐烦，"一会儿再聊吧，我的作业还没写完呢！"

"等等，先别挂。告诉你，我们今天吃的火锅是用纸做的！"

"不可能！纸还不一烧就成灰了！"

"我就怕你不信，还把锅带回来了。你要不要来看看？"

"好，一会儿我写完作业就去找你。"

看着还留有火锅底料痕迹的纸火锅，悠悠非常好奇。他们将纸锅中倒入水后在火上加热，水沸腾了纸锅安然无恙。怎么回事呢？他们决定请教老师。

温老师给了他们两个纸杯，让他们做了一个类似的小实验。

实验一

材料及用具：两个大小一样的一次性纸杯（或用纸叠两个纸船）、细绳、筷子（或坩埚钳）、酒精灯、水、温度计。

步骤：

（1）如图，将两个纸杯分别拴上绳子。

（2）向其中一个纸杯中倒入水，并悬挂在铁架台的铁夹上（或者直接用坩埚钳夹住）。将酒精灯点燃，调整纸杯高度，用酒精灯的外焰加热，至水沸腾，熄灭酒精灯，将水倒掉。观察纸杯是否烧毁。

（3）将另一个空纸杯悬挂好。将酒精灯点燃，调整纸杯高度，用外焰加热。观察纸杯是否烧毁。

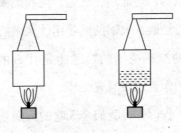

图 6-1

讨论：为什么会出现不同的现象？

实验二

材料及用具：两块约 10 平方厘米的棉布，一元硬币一个、硬纸片、剪刀、香

步骤：

（1）用一块棉布将硬币包裹。用点燃的香去烧包裹住硬币的棉布部分，观察棉布是否烧损。

（2）将硬币垫在硬纸片上，用剪刀沿着硬币边缘剪出一个与硬币大小一样的"纸币"。

（3）用一块棉布将"纸币"包裹。用点燃的香去烧包裹住"纸币"的棉布部分，观察棉布是否烧损。

讨论：为什么出现不同现象？

总结：

（1）物质燃烧需要一定温度。

（2）加热物体时，它们会吸收热量，温度升高。加热盛水的纸杯，水和纸杯的温度都升高，但是水只能升温到100℃，导致纸杯温度在100℃左右。

（3）金属与棉布局部温度都会升高，金属导热性强，局部热量会迅速导出，致使棉布局部热量不会太高。而纸导热性差，所以包裹"纸币"的棉布会烧损。

听温老师讲解

首先要先明白：不是一加热，物质就能燃烧的。通常情况下，不同的物质燃烧所需要的温度是不同的，这个使物质燃烧的最低温度称为该物质的着火点，只有加热到这个温度了物质才有可能燃烧。

不同的物质吸收热量的能力是不同的，水吸收热量的能力强，把火传递给纸杯的热量抢走了，使得纸杯的温度始终达不到它的着火点，所以纸杯安然无恙。

金属比棉织物收热量的能力强，把火传递给棉布的热量抢走了，使得棉布的温度也未达到它的着火点，所以裹硬币的棉布安然无恙。但是纸同棉布吸收热量的能力相差不大，所以棉布和内部的"纸币"均会烧损。

"没想到吃火锅还吃出这么多学问！"小佳感慨道，"我想把我们的实验和想法告诉同学们。"

"好啊！"小悠说。

请同学们一起设计实验：用多少种方法可以使一张普通的作业纸不被点着？

化学谜语

6. 孙悟空的眼睛。（打一化学元素）

7 水中空地

情景导入

放假了，小悠每天复习完功课，就会准时打开电视看他最喜欢的动画片。有一天，小悠看到海水突然被从中间分开了，虽然这个场景一闪而过，小悠却不由得浮想联翩：如果我也能让海水分开，那可神了。

求助同伴

小悠给小川打电话把自己的想法告诉他，结果小川却说："液态的水那可是分不开的，生活中水要是被分开，就会马上恢复原状，很团结的！电视上那只是电脑特技做出的艺术画面，是假的！别瞎琢磨了。"小悠可急了："电视上的虽然是特效，但我觉得未必一点科学依据都没有！要不我们一起去问老师，也许真的有将水分开的方法呢。"

请教老师

温老师耐心地听完他们的争论，先让他们做了一个简单的小实验。

实验一

材料和用具：水、玻璃杯、回形针、缝衣针、硬币

步骤：

（1）空杯子 A 里面倒满水（为了观察方便，可以在水中加些红墨水，注意倒的时候千万不能让水溢出来）。

（2）把回形针逐个轻轻丢下去。

（3）另取一个空杯子 B，倒满水。将回形针换成缝衣针，重复步骤2。

（4）如图7-1，将玻璃杯换成水盆（或脸盆），盛满清水。将硬币用干布擦拭干净，用中指或食指托住，缓缓地、轻轻地平放在水面，然后慢慢地抽回手，注意尽量保持水面的平静。（**注意**：实验要有耐心，反复试验直到比较熟练）

图 7-1

实验二

材料：平底瓷盘、胶头滴管、水、蓝墨水、酒精（95%）

步骤：

（1）如图7-2，在平底瓷盘中倒入水（水面只要能盖住盘底即可），并滴入几滴蓝墨水。

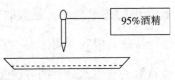

图 7-2

（2）用滴管吸取浓度为95%的酒精，滴几滴在瓷盘的中心位置，并观察现象。

讨论：为什么出现这种现象？

讨论总结：

（1）水的表面存在着一种力，使得水非常团结，即使略微溢出容器也会被其他水分子"拉着"，不从杯中流出。

（2）酒精可以将水的这种力破坏掉，使其分裂开。

（1）向杯 A、B 和水盆中滴入 1~2 滴洗涤剂，观察回形针、缝衣针、硬币的变化。

讨论：为什么会出现变化？

（2）到室外观察：水质较好的水面好像一张透明的富有弹性的橡皮膜，小昆虫如何在水面自由走动。

听温老师讲解

如图 7-3，处在液体中间的水分子，受到来自四面八方的其他水分子的包围，受力均匀。液体表面的水分子还受到一种特殊的力——表面张力——的作用，表面张力是液体表面中的分子相互吸引产生的。在这个力的作用下，液体表面有收缩到最小的趋势。一些昆虫能在湖面上行走而不沉入水底，就是因为它们被水的表面张力支撑住了。还有夏天荷叶上的水滴也是因为表面张力而形成的。

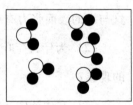

图 7-3

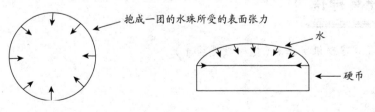

抱成一团的水珠所受的表面张力

水

硬币

图 7-4　　　　　　　图 7-5

如图 7-4、7-5，当向盛满水的盆中放入硬币，使得液体高出水盆边缘

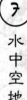

7

水中空地

31

时，由于水表面张力的作用，水不会流下来。

不同的液体，表面张力大小也是不同的，酒精的表面张力比水的小。没滴入酒精前水的表面张力在各个方向都是相等的，滴入酒精后，水就从各个方向把酒精拉走了。看起来像是水被分开了。

表面张力也会因为一些因素而改变，例如受到污染，相当于自己家里来了搞破坏的敌人，进入了原本"团结一致"的水分子家族，破坏了原来的表面张力。

汇报成果

我们将和同学们讨论以下问题：

（1）为什么将一些液体称为"珠"，例如水珠、露珠、泪珠、汗珠，这与水的表面张力有关么？

（2）为什么荷叶上的水会变成小圆球状？生活中还有什么地方有同样的现象？

（3）在生活中还有什么地方可以感到水的表面张力的作用？

（4）为什么湿衣服经常不容易脱下来，让我们感到有点"涩"？

（5）如果水被污染，水的表面张力是否会受到破坏？

化学谜语

7. 贾政讯宝玉。（打一微观粒子）

8 硬币上的水滴

情景导入

最近学校进行"家乡美"摄影大赛，小文拍了许多美丽的照片。今天小文又一次把她所有的作品重新筛选一番，看着看着，她被一组清晨拍摄的露珠特写吸引住了。她发现所有露珠都是近似球形的。无论是静静地伏在叶面上的，还是那欲滴未滴的挂在叶尖上的，晶莹剔透，传递着大自然的宁静与和谐。

露珠

水滴为什么是球形的呢？

求助同伴

小文打电话让小川、小悠、小佳把拍到的有关水滴的作品都带到她家。

怎么回事？——四个人都愣住了。照片中晶莹的水滴或在叶子上安详地躺着，或在石尖、叶尖即将滴下，或正在空中飞舞，它们都是近似球形的。为什么会出现这种现象呢？四位同学决定请教老师。

温老师听完他们的讲述，先让他们做了一个小实验，希望他们通过今天的实验不仅了解水的表面张力，还认识到被污染的水部分失去了这样的性能。同学们都爱美丽的家乡，更要保护家乡的美丽。

实验一

一分硬币上能放几滴水

用具：一分硬币、胶头滴管

材料：自来水、纯净水、蜂蜜、洗衣粉、洗涤灵、稀硫酸、稀氢氧化钠溶液、稀食盐水等

步骤：

（1）分小组猜测一枚硬币上可以承接的水的滴数。

（2）将硬币平放在桌面上，用胶头滴管分别吸取纯净水和干净的自来水在距离硬币上方约2厘米处，往硬币上滴水，当硬币上的水开始溢出时，记录实际滴到硬币上的水的滴数。

（3）将用过的硬币完全擦干后，照上述方法试验三次，取三次中最大的测量值，计算与猜测值的差值，将结果填入自制的表格中。

（4）用自制的饮料（如蜂蜜）完成与上面同样的实验。

（5）用模拟污水完成与上面同样的实验。

（6）用实验室常用溶液（如稀硫酸、稀氢氧化钠溶液、食盐溶液）完成与上面同样的实验。

注意：实验时硬币要平放在桌面上，每做完一次实验都要将硬币完全擦干，否则在下一次实验滴入水的滴数不够准确。刚开始的同学一般要练

边玩边学化学

习几次才能掌握滴水的技术。

用不同表面张力的水养金鱼

材料：实验一中测量值最大的和最小的两种液体等量，金鱼4条，鱼缸3个

步骤：

（1）在一个鱼缸里放入清水。

（2）在另两个鱼缸里放两条金鱼，向水中分别加入等量的实验一中测量值最大的和最小的两种液体，观察金鱼多长时间后有明显变化。

（3）将状态变差的金鱼放到盛有清水的鱼缸中，观察金鱼能否复原。

（4）几天后，观察4条金鱼是否有明显区别。

（5）如果时间允许，请另找4条金鱼重复上述实验。

老子曾说过：上善若水，水利万物而不争。意思是：最高境界的善行就像水的品性一样，泽被万物而不争名利。

孔子曾以水喻君子：遍予而无私，似德；所及者生，似仁；其赴百仞之谷不疑，似勇；其万折必东，似意。意思就是说：水遍及天下，没有偏私，好比君子的道德；水所到之处，滋养万物，好比君子的仁爱；水奔赴万丈深渊，毫不迟疑，好比君子的勇敢；水历尽曲折，终究东流，好比君子的意向。

世界各国围绕水都产生了灿烂的文化。我们的古人虽然不了解水的性质，却道出了水的特性：

水能溶解很多物质，而且还可以同时溶解多种物质，使水成为生物获取营养物质的有效载体，也将很多自然界中的物质从一个地方带到另一个地方。但是也正是因为水的这个特性，使得水很容易受到污染，并将这种污染带到更远的地方或者更大的范围。同时，当水溶解了其他物质后，它的表面张力等特性也会发生变化。

当我们想再得到纯净的水，把不需要的物质从水中分离出来时，往往是很难做到的。所以是否需要将某种物质溶于水中，需要我们认真地考虑清楚。

汇报成果

汇报结束后，我们计划动员同学设计一份关于水污染的小报，在自己的社区或自己的家庭开展宣传。

8. 囝。（打一微观粒子名称）

9 食盐和冰

情景导入

放寒假了，小川和爸爸、妈妈到东北农村奶奶家过年。奶奶看到小川一家三口回来了，高兴极了，忙里忙外。小川跟在奶奶身后，感觉很多事情都很好玩。东北可真冷，风吹在脸上像刀割般，可小川发现奶奶家的咸菜缸放在院子里，里边的水竟然没有结冰，这是为什么呢？

求助同伴

开学回到学校，小川把这个现象说给同学们听。大家都认为可能是咸菜汤中含有食盐，食盐使水的凝固点降低。文文又想到2008年下大雪，为了使冰雪融化，工作人员向道路上撒盐，可能也是这个道理。到底是不是食盐能使水的凝固点降低或冰的熔点降低呢？他们决定找老师寻求答案。

请教老师

温老师听完他们的讲述，肯定了他们的猜想，鼓励他们设计实验验证猜想。

实验一

材料：两只塑料瓶、蒸馏水、食盐、药匙

步骤：

（1）分别取等量的蒸馏水倒入两只塑料瓶中（**注意：不要装满**），向其中一只塑料瓶中加入食盐，搅拌，至不再溶解。然后盖紧瓶盖。

（2）将两只塑料瓶放入冰箱冷冻室冷冻一段时间，观察两塑料瓶内液体变化及结冰时间，并设计表格记录下来。

（3）待两种液体均结冰后，放在室内观察二者融化速度并记录。

讨论：

（1）为什么在实验中用蒸馏水而不用自来水？

（2）可乐、果汁等饮料的凝固点是否也比纯水的低呢？

实验二

材料：一只碗、一根细线、一块冰块（大约6厘米×3厘米×2厘米）、食盐、药匙

步骤：

（1）如图9-1，将一块冰块（可提前在冰箱里冻好）放在碗里。

（2）在冰块上放一根细线。

（3）在细线周围撒上一些食盐。

（4）大约两分钟后，慢慢拉细线两端。观察细线和冰块有怎样的变化。

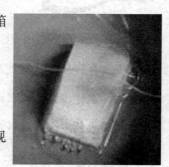

图9-1

讨论：为什么线和冰块结在一起了？

总结：

（1）食盐水结冰比纯水结冰需要更低的温度，饮料等溶液的凝固点比纯水低。

（2）食盐可使冰的熔点降低，加快冰的熔化。

　　水是由许许多多的肉眼看不见的水分子构成的，水分子不停地做无规则自由运动。冰也是由水分子构成的，但是构成冰的水分子按照一定的规则排列，在固定的位置上运动。当把液态的水放入冰箱时，水的温度高于冰箱内空气的温度，水放出的能量并将其转移给了冰箱中的空气。失去能量的水分子运动变得越来越慢，这就意味着水的温度在下降。当温度降至0℃时，水分子的运动已慢到只能在一个固定的位置上振动，这样就使它们形成了规则的排列，从而变成了冰。当把冰块放置在室内时，冰块获得来自于室内空气的能量，水分子的振动加速，冰块温度升高。当冰的温度升至0℃时，水分子的振动速度快到足以摆脱它们在冰晶体内所处的位置的束缚，此时冰块开始熔化。

　　当液态的水和冰共存时，两件事情发生：一些冰中水分子摆脱了分子间束缚，成为液态水的一部分，而一些液态水中的水分子成为冰的一部分。融化时，冰中水分子进入液态水的数量大于被冰俘获的液态水分子。冰块表面有一个薄薄的液态水层。当向冰上添加食盐时，食盐溶解在液态水层中，阻止了一些液态水分子重新排列加入到冰中，但它并不影响冰中水分子进入液态水中。因此冰融化得更快。随着越来越多的冰融化，使液态水中食盐浓度不断降低，食盐对液态水分子进入冰中的干扰减小，所以冰可以捕获一些液体水分子，使冰上的线冻结。

　　由于盐干扰冰晶形成，加入盐，可以有效地降低水的冰点。这就是为什么当温度远低于0℃时海洋也不冻结。在寒冷的世界，盐通常用于对交通和道路融化冰雪。当冰融化时，它从周围环境吸收热能。当添加盐于冰时，冰的迅速融化可以使冰和水的温度低于0℃。在冰箱未发明之前，制造冰淇淋通常用冰和盐来快速制冷。

上网查阅资料，融雪剂的成分有哪些？这些物质具有怎样的性质？

化学谜语

9. 江水往下流，流水暗礁留，沿江筑金塔，气盖黑山头。(打四种元素)

10 沸油取物

一年一度的学校科技节开幕了，丰富多彩的活动内容吸引了同学们，其中实验演示操作部分就像一个个魔术表演，令人眼花缭乱，目不暇接，成为本次科技节一道亮丽的风景线，小川也被深深地吸引了。他看见一位同学打扮成气功师的模样，把一枚硬币投入一锅烧滚的、冒着青烟的油中，尔后运气发功，卷袖伸手入油锅将硬币捞出来，而自己的手丝毫不被烫伤，他真的有那么厉害吗？（**注意：未经专业训练，请勿轻易模仿，以免烫伤**）

求助同伴

看完表演，小川赶紧把文文、佳佳和悠悠叫来，让他们也看一看。

"肯定不是真正沸腾的油，否则手一定烫伤了。"文文说。

"可是油在翻滚，且冒着青烟呀。"小川不解地说。

"油里边可能有其他物质。油的温度其实很低。"佳佳提出了自己的见解。

油里的物质是什么呢？四位同学百思不得其解，决定请教老师。

41

温老师听完他们的讲述，叫他们不要着急找答案，先让他们做了一个小实验。

实验一

材料及用具：烧杯（150毫升）、三脚架、石棉网、酒精灯、温度计、药匙、植物油、硼砂

步骤：

（1）分别向两只烧杯中倒入等量的植物油，然后向一支烧杯中再放入适量硼砂，搅拌。

（2）用温度计测量两烧杯内液体的温度。

（3）用酒精灯给两只烧杯加热，观察植物油变化，待植物油呈沸腾状，用温度计测量烧杯内液体的温度。

讨论：为什么加入硼砂后，植物油在低温时就沸腾？

"化学变化真奇妙。"佳佳高兴地说。

"不用化学变化是否也可以产生相似的现象呢？"悠悠问道。

温老师听完大家的讨论，又让他们做了一个实验。

实验二

材料及用具：烧杯（150毫升）、三脚架、石棉网、酒精灯、温度计、植物油、食醋

步骤：

（1）先向烧杯内倒入适量的食醋，然后在醋的表面倒入适量植物油（**注意**：不要搅拌）。观察食醋和植物油的混合情况。测量温度。

（2）给烧杯加热，观察食醋和植物油的变化。待液体沸腾时用温度计测量液体的温度。

讨论：为什么出现这种现象？

总结：

（1）不同的物质沸点不同。两种不同液体物质混合加热时，沸点低的物质先沸腾。

（2）化学反应会伴随一些现象。要学会仔细观察，透过现象看本质，不能被现象迷惑。

硼砂是一种化学物质，油与硼砂遇热后起化学反应呈沸腾状，实际上温度并不很高，手捞硬币时自然不会烫手，表演赤脚下油锅也是同一道理。

在锅中倒入醋，然后在醋的表面上加上油，因为油的密度比醋的密度要小，并且两种液体互不相容，所以从表面上看去跟一锅油是一样的。加热时，醋的沸点是60℃左右，而油的沸点在200℃以上，自然是在下面的醋先达到沸点开始沸腾，醋沸腾后，醋的温度不会再继续升高，那么在醋上面的油的温度自然也不会升高。这是就像看到一锅油在沸腾一样，但实际沸腾的是醋，其温度也仅仅有60℃左右。

化学诞生于生产、生活实际，随生产、生活的需求而发展。破除迷信，识别伪科学，灵活运用化学知识来认识、剖析、解释、解决生产和生活中的现象或问题，而不能被假象所迷惑。尤其是中学生朋友更应该学习科学知识，感受到科学之剑的犀利，用科学知识炼就"火眼金睛"，深切体验科学的魅力。

"没想到其中还有这么深的道理!"小川感慨道,"我想把我们的实验和想法告诉同学们。"

"好啊!"小川的提议得到了大家的赞同。

汇报成果

我们计划动员同学在所在社区开展"破除封建迷信、识别伪科学"活动。

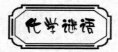

10. 下毕围棋。(打一化学名词)

11 可爱的小枕头——食品保护气

情景导入

周末到了，小川一家和尚叔叔一家去郊外的森林公园游玩。公园里鲜花盛开，绿草茵茵，路边的溪水哗哗地流着。小川和尚叔叔家的小弟弟玩得可高兴了，他们在水中用小石头垒成一段城墙阻挡水的流动，把树叶当作小船，树枝作船桨在水里划行，玩够了划船，他们又用溪水和泥土，捏泥巴，捏成各种形状，放在太阳下晒，玩得真痛快。

该午餐了，大人们选了一处干净的地方，铺上一块大大的桌布，拿出了各种好吃的食品，有面包、火腿、小菜、酸奶、饮料、蛋黄派，还有小川和小弟弟爱吃的薯片。"小枕头，真好玩。"小弟弟拿起一个未开包装的蛋黄派，在手上拍来拍去，"里边装的是什么呢？为什么鼓鼓的？""这里还有一个大枕头，我可以枕着它休息了。"

充气食品

小弟弟又拿起一大袋薯片。是啊，包装袋内填充的是什么物质呢？小川留了几个未开包装的"小枕头"，决定研究一下。

回到学校，小川把"小枕头"拿给文文、佳佳和悠悠看。

"可能是空气，空气资源丰富，填充到食品包装袋中，使包装袋鼓起来，防止食品压碎。"文文说。

"我认为这种气体能保护食品，使食品能较长时间的保鲜、保质。"佳佳提出自己的观点。

"可能是氮气（N_2）或二氧化碳（CO_2）。这两种气体不支持呼吸，可以抑制食品中微生物呼吸，防止病菌发生。"悠悠也提出了自己的看法。

"如何验证这种气体的成分呢？"小川不解地问。

四位同学决定请教老师。

请教老师

温老师告诉他们通过实验就可简单验证气体成分。

实验

材料：充有保护气的食品包装袋、注射器、酒精灯、小木条、火柴、水槽、水、集气瓶（125毫升）、玻璃片、导管、止水夹、烧杯（50毫升）、澄清石灰水

步骤：

（1）用注射器抽取食品包装袋内的气体，将气体通入盛有澄清石灰水的烧杯中，震荡，观察石灰水的变化。若石灰水无变化，继续下面的实验。

（2）将集气瓶装满水，倒扣在盛有水的水槽中。

（3）用注射器抽取另一袋食品包装袋内的气体，在注射器针头上连一乳胶管，乳胶管另一端连接玻璃管，将玻璃管插入盛有水的集气瓶中，排水收集气体（集气瓶中的水可以不排光）。

（4）用玻璃片盖住集气瓶口，将集气瓶从水槽中取出。

（5）点燃小木条，将燃着的木条伸入集气瓶中，观察木条变化。

讨论：为什么可以用以上方法检验气体的成分？

小川认为二氧化碳具有使澄清石灰水变浑浊的特性。

文文认为氮气不支持燃烧，也不能使澄清石灰水变浑浊。

佳佳认为氧气支持燃烧，但不能使澄清石灰水变浑浊。若木条正常燃烧，气体则为空气；若木条燃烧更旺，气体则为氧气。

"根据实验现象就可以判断出气体的成分。"悠悠补充道。

听温老师讲解

气调包装国外又称 MAP 或 CAP、国内称气调包装或置换气体包装、充气包装。常用的气体有氮气、氧气（O_2）、二氧化碳。混合气体有氮气和氧气或三种气体的混合气（即 MAP）。

二氧化碳气体具有抑制大多数腐败细菌和霉菌生长繁殖的作用，是保护气体中的主要抑菌成分。氧气具有抑制大多数厌氧腐败细菌生长繁殖，保持鲜肉色泽和维持新鲜果蔬需氧呼吸，保持鲜度的作用。氮气不与食品起化学反应与不被食品吸收，能减少包装内的含氧量，极大地抑制细菌、霉菌等微生物的生长繁殖，减缓食品的氧化变质及腐变，从而使食品保鲜。充氮包装食品还能很好地防止食品的挤压破碎、食品黏结或缩成一团，保持食品的几何形状、干、脆、色、香味等优点。目前充氮包装正快速取代传统的真空包装，已应用于油炸薯片及薯条、油烹调食品等。气调包装技术可广泛用于各类食品的保鲜，延长食品货架期，提升食品价值。

"小枕头中蕴含着大学问！"小川感慨道，"把我们的实验和想法告诉同学们。"

汇报成果

我们计划动员同学宣传科学食用膨化食品及油炸小食品。

11. 塑料开关。（打一化学名词）

12　汽水自己做

情景导入

　　夏天到了，烈日炎炎，午休时分，同学们坐在树荫下聊天。大家带来了各种各样的饮料，文文带的是雪碧，喝了几口雪碧后，文文觉得胃里面好像有什么气体，胀得满满的，一不小心打嗝了，她想起昨天喝了果汁，没有打嗝，为什么喝了雪碧会打嗝呢？

求助同伴

　　文文问小川："你喝雪碧会打嗝吗？"

　　小川说："会，不仅仅是雪碧，喝了可乐也打嗝。"

　　佳佳说："喝了七喜、芬达也会打嗝。"

　　悠悠说："如果是喝了果汁、纯净水、矿泉水等就不会打嗝。"

　　"那你们说，这些饮料里面有什么物质使人打嗝呢？"他们决定请教温老师。

请教老师

　　温老师先问了大家一个问题："你们为什么喜欢喝这些饮料呢？"

　　"味道好，甜甜的，但是不腻。"

"喝了觉得凉快。"

"尤其是喝冰镇的，更凉快。"

"打嗝的时候虽说不好意思，但是打完嗝之后更舒服，好像凉快了许多。"大家七嘴八舌地说。

温老师说：雪碧、七喜、芬达、可乐都属于含二氧化碳的碳酸饮料，可以统称为汽水。这些汽水是在饮用水中添加果汁、白糖、香精等，再通过加压的方法，使更多的二氧化碳气体溶解在水里制成的。二氧化碳从体内排出时，可以带走一些热量，因此喝汽水能解热消渴。如果一口气喝得太多，也会让人打嗝。

"我们可以自制一些汽水给大家喝，大家愿意尝试一下吗？"温老师问大家。

"好啊！"大家异口同声地说。

实验

材料：小苏打（碳酸氢钠）2 克，柠檬酸 2 克，砂糖少许，2 个橙子，一只干净的汽水瓶，凉白开

用具：榨汁器、天平、干净的汽水瓶、搅拌棒（可以用干净的筷子代替）

步骤：

（1）将橙子榨汁备用。

（2）取一个洗刷干净的汽水瓶，瓶里加入占容积80％的凉白开。

（3）加入白糖及少量橙汁，搅拌使其快速溶解。

（4）加入 2 克碳酸氢钠，搅拌加速溶解。

（5）迅速加入 2 克柠檬酸，并立即将瓶盖压紧，使生成的气体不能逸

出，而溶解在水里。

（6）将瓶子放置在冰箱冷藏室中降温。

（7）一段时间后，取出汽水瓶，打开瓶盖品尝。

（8）将橙子换成苹果、桃、西红柿等水果或蔬菜，榨汁后重复上述过程，品尝，选择自己最喜欢的口味。

讨论：汽水是如何制出来的？原理是什么？我们自制的汽水和购买的饮料有什么不同（比如味道、颜色、成分等）？

听温老师讲解

小苏打与柠檬酸，经化学反应生成大量的二氧化碳，盖上瓶盖，二氧化碳在压力作用下大量溶于水中。打开瓶盖，压力减小，二氧化碳会从水中大量跑出。当喝汽水时，肠胃不吸收二氧化碳，二氧化碳从胃里逸出，带走大量热量，使人感觉凉爽，也可能使人打嗝。

冰镇汽水温度低，可以溶解更多的二氧化碳（0℃时，二氧化碳的溶解量比20℃时大1倍），有更多的二氧化碳从体内排出，能带走更多的热量，所以更能降低肠胃的温度。但是，如果大量饮用冰镇汽水，会对肠胃产生强烈的冷刺激，冲淡胃液，降低胃液的消化能力和杀菌作用，引起身体不适。所以，不能大量饮用冷饮料，应适可而止。

市场上出售的饮料所用的是经过煮沸、紫外线照射消毒后的矿泉水或饮用水，有些饮料还添加了防腐剂，因此保存时间比较长。我们自制的饮料最好现喝现制。

1. 查阅文献资料或是上网检索，了解经常饮用的各种饮料的成分、制作过程，这些饮料是如何使果汁中的营养物质保鲜的？

2. 了解压力对气体溶解度的影响。

3. 向有关的专家请教：饮料中的香精、防腐剂等添加剂是否会对人体造成伤害？

4. 将制得的各种口味的自制饮料和同学们分享，了解同学们的感受。

5. 向感兴趣的同学传授制作方法和经验。

化学谜语

12. 蒸蒸日上的新中国。(打一化学名词)

13   牛奶如何变奶酪

情景导入

牛奶是我们日常生活中的一种常见的食品，它含有丰富的蛋白质、微量元素等物质，这些营养成分对于我们的生长发育有重要作用。我们常常靠饮用牛奶来充饥和补充营养。

一天，小川在书上看到，很久很久以前，在沙漠的烈日下缓缓行进的骆驼队中，骑骆驼人的肩上挂着盛满了牛奶的皮囊。皮囊随着人们行走而晃动。炎炎的烈日和长途的跋涉使人苦不堪言。有时，牛奶在皮囊中干涸凝结，这些人发现凝结了的东西竟也很美味。就这样产生了一种新的食品，人们称之为凝固了的奶，这就是最早的奶酪。

奶酪是由牛奶浓缩而成，我们能不能用一种简单的方法也来进行这一操作呢？小川看到这些，动员妈妈在家自己做奶酪。

实验

我来做奶酪

材料：牛奶、醋、盐

用具：平底锅、棉布或者干净的手帕、汤匙

步骤：

（1）把一杯牛奶倒在平底锅里，慢慢煮开并不断搅拌（不断搅拌是非常重要的，不然牛奶会煮焦）。

（2）当牛奶煮沸时把火关掉，但不需要把平底锅移开。

（3）加两茶匙醋在煮沸了的牛奶中，这样牛奶就会变成凝乳和乳清。

（4）用汤匙搅拌后让它在锅里静置5~10分钟。

（5）用干净的棉布或手帕把凝乳和乳清分开。

（6）用布把奶酪里的水分尽量压榨出来。

（7）把布打开，可根据个人口味加入适量的盐。

（8）将奶酪和盐混匀之后再进行压榨以求除去多余的水分。

（9）把奶酪放在模具或者一些球形的容器中。

（10）吃之前再放到冰箱里冻一下。

注意：

（1）加热牛奶的时候容易造成危险，这一阶段要有成人进行监督。

（2）开始之前确保所有的东西都消毒干净。

"妈妈，做奶酪为什么要加醋？为什么牛奶加了醋就会凝固呢?"

听妈妈说

奶酪（其中的一类也叫干酪）是一种发酵的牛奶制品，其性质与常见的酸牛奶有相似之处，都是通过发酵过程蛋白质变性凝结来制作的，也都含有可以保健的乳酸菌，但是奶酪的浓度比酸奶更高，一杯牛奶大概只能做出1/8到1/4杯的奶酪，营养价值丰富，是纯天然的食品。就工艺而言，奶酪是发酵的牛奶；就营养而言，奶酪是浓缩的牛奶。我们在制作中加了醋，在醋酸菌的作用下，牛奶成了凝乳。西方有一句谚语：奶酪是穷人的肉食，富人的宴席。

你看，这是咱们家经常买的奶酪的营养成分表，除了水没有标明以外，其他五大营养素全部包含在内：

营养素	每100克平均含量	营养素参考值（%）	营养素	每100克平均含量	营养素参考值（%）
能量	1037千焦（248千卡）	12%	碳水化合物	14.0克	5%
蛋白质	10.0克	17%	钠	427毫克	21%
脂肪	17.0克	28%	钙	140毫克	18%

格鲁吉亚是世界最著名的长寿地区之一，法国老年医学中心在该地区进行了长达2200多天的调查，结果显示：扁豆、发酵酸奶、奶酪、酪渣等各种乳制品是良好的益寿食品，乳制品占他们每日膳食量的1/4。他们食用的奶酪均是自家制作的，每天平均食用40~50克。

"妈妈，咱们尝尝我们自己做的奶酪吧。"

"味道还不错呢！不过和买的不一样。"

"奶酪制作由多种方法，各种方法工艺不同。曾经一位意大利厨师，学会三种奶酪的制作方法，用了整整9年的时间。你还想不想做一做其他口味的奶酪？"

"想呀！妈妈你会吗？"

"不会咱们可以学呀！其实在家里做奶酪有不方便之处，也有简单之处。我们可以试着变换使用不同的醋和牛奶，口味就不一样了。还可以尝试加入香料和调味剂来增加奶酪的风味。我们还可以加一滴食用色素，让我们的奶酪增色。"

"看来做奶酪也不是很容易的事情呀，做之前就要耐心地去准备，中间还要仔细操作，不要希望一下就成功，恒心更加重要。"小川说。"是啊，无论做什么事情都应该有耐心呀。"

"我们还有注意不可让奶酪暴露在阳光下。这样它会被破坏，然后产生不好的味道。最好把它保存在冰箱里，要用的时候才拿出来。"

"我向告诉我的好朋友们奶酪应该怎么做。"

"好！去准备吧。有需要妈妈帮助的可以叫我。"

汇报成果

1. 我需要准备这些资料：

（1）奶酪的历史

（2）奶酪文化

（3）奶酪的制作工艺、种类

（4）奶酪的营养价值

2. 我计划动员同学帮家长做一次奶酪。

化学谜语

13. 上岸。(打一化学名词)

14　发电并不难

情景导入

今天是星期天，爸爸带佳佳上街玩，给佳佳买了一台复读机，还给她买了充电电池和充电器，希望能对她学习外语有些帮助。佳佳非常喜欢学习英语，但不敢开口读课文，怕同学们笑话她。佳佳想试试复读机有哪些功能，爸爸说要等电池充了电才能用。

回到家里，佳佳立刻插上电源充电，看着正在充电的机器，佳佳心想：电究竟是什么物质呢？为什么可以把电储存在一个小小的电池里，如果没有这个电池，我能不能自己发电呢？她打算明天上学问问老师和同学。

求助同伴

星期一，佳佳把自己的疑问告诉了温老师和同学们。

悠悠说："电是一种看不见摸不着的东西。"

小川说："电池就是用来装电的小盒子。"

文文说："电都是发电厂发的，我们自己怎么能发电呢？"

温老师在旁边静静地听完他们的讨论后说："同学们，请大家在课外活动时间到老师的实验室来吧，我们一起来研究电池。"

温老师先给大家讲了一个故事：

1780年的一天，意大利解剖学家伽伐尼在做青蛙解剖时，两手分别拿着不同的金属器械（铁刀、铜刀），无意中同时碰在青蛙的大腿上，青蛙腿部的肌肉立刻抽搐了一下，仿佛受到电流的刺激，而只用一种金属器械去触动青蛙腿，却并无此种反应。

伽伐尼认为，出现这种现象是因为动物躯体内部产生的一种电，他称之为"生物电"。伽伐尼于1791年将此实验结果写成论文，公布于学术界。伽伐尼的发现引起了物理学家们极大的兴趣，他们竞相重复枷伐尼的实验，企图找到一种产生电流的方法。意大利物理学家伏特在多次实验后认为：伽伐尼的"生物电"之说并不正确，青蛙的肌肉之所以能产生电流，大概是肌肉中某种液体在起作用。为了论证自己的观点，伏特把两种不同的金属片浸在各种溶液中进行试验。结果发现，这两种金属片中，只要有一种与溶液发生了化学反应，金属片之间就能够产生电流。

那么，我们今天也来发电。

实验一

材料：水果或蔬菜（柠檬、苹果、番茄、土豆等）、铁钉（或铁片）、五角钱的硬币（或铜片）

用具：导线、发光二极管（或小灯泡、安培表）

步骤：

（1）用导线连接铁钉和二极管的负极。

（2）用导线连接硬币和二极管的正极。

柠檬电池

（3）如图，将硬币插在柠檬的一侧，将钉子插在另一侧，钉子和硬币不要接触。观察现象并记录。（观察发光二极管或小灯泡的亮度，亮度越大越好。安培表观察读数，读数越大越好。）

（4）换一种水果或蔬菜，重复步骤1~3。观察现象并记录。

佳佳说："二极管亮了，说明我们自己发电了。"

悠悠说："用水果、蔬菜可以发电，那用其他的物质呢?"

温老师说："那我们试试别的物质吧。"

实验二

材料：厨房用金属铝箔纸（剪成长方形的一小片）、五角钱的硬币（或铜片）、导线、食用醋、盐、碗、发光二极管（或小灯泡、安培表）

步骤：

（1）在碗里将少许的盐用水溶解备用；和醋混合。

（2）用导线连接铝箔纸和二极管的负极。

（3）用导线连接铜片和二极管的正极。

（4）将铝箔纸和铜片放入盐和醋的溶液中，铝箔纸和铜片不要接触，观察二极管是否发光。观察并记录实验现象。

（5）将盐水换成醋，重复步骤2~4，观察现象并记录。

（6）将盐水换成盐水和醋的混合溶液，重复步骤2~4，观察现象并记录。

"我知道为什么不能用手摸电门了，尤其是手上有汗水的时候更不能摸。"

"上述几个装置都实现了'发电'，它们有哪些共同点?"温老师问大家。

小川说："有两种金属，发光二极管、导线、液态的物质"。

文文说："还要把它们都连接起来。"

温老师说："说得非常好，我们称两种金属叫电极，能导电的液态物质叫电解质溶液，连接好的整套装置叫原电池。"

听温老师讲解

温老师说，要认识电，我们首先来认识另一种微粒：原子。金属由原子构成，原子由原子核和核外电子构成，原子核带正电，核外电子带负电，我们简称核外电子为电子。金属一般都具有导电性，电子的定向移动形成了电流，也就是我们通常说的电。如果我们让电子从金属里面"跑出来"，那么就实现了发电。刚才我们组装起来的这两套装置叫"原电池"，该装置就是使铁（或锌）的电子流出，通过导线到铜，形成电流。在原电池中，较活泼的金属做负极，铁（或锌）是电池的负极，较不活泼的金属做正极，铜是电池的负极。

利用原电池的原理，可制作干电池、蓄电池、高能电池等。

原电池中，可分为：一次电池，如干电池等只能一次性使用的；二次电池：可以反复充电使用的，比如充电电池，蓄电池，燃料电池等。

文文说："发电厂也是这样来发电的吗?"

温老师说："发电厂不是用水果来发电的，那样成本太高了！发电厂是用火力发电或水力发电。现在还有风力发电、太阳能发电等。科学家们正在不断地探索、实验发电的原理和方式。"

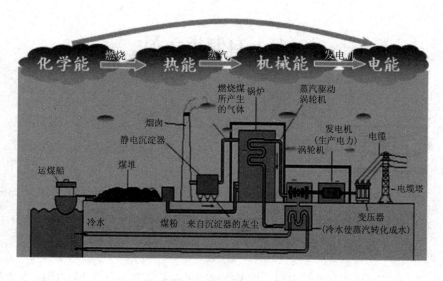

化学能 —燃烧→ 热能 —蒸汽→ 机械能 —发电机→ 电能

火电站工作原理示意图

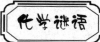
汇报成果

收集电池，查找资料，并将电池分类。

化学谜语

14. 丰衣足食。(打一化学名词)

15 自制指示剂

边玩边学化学

终于放假了，佳佳早早地来到农村的姥姥家。这可是她最快乐的时候，尤其是和姥姥一起来到田野里，那是佳佳向往已久的事情。一望无际的绿色，啾啾鸣叫的小鸟，漫山遍野的野花，总是让人心旷神怡。

最近，佳佳有个新发现，就是姥姥家种的棉花开花了。棉花的同一朵花早晨初开时呈白色，不久逐渐变浅黄，到中午就变为紫色或粉红色，有时变成玫瑰色，到第二天会变得更红，甚至带些紫色，最后整个花冠变成灰褐色。佳佳还从来没有见过这样的花，她把棉花叫变色花，这是怎么回事呢？

佳佳给文文打电话，文文也解释不出原因，最后他们决定开学回来就去请教老师。

62

请教老师

温老师表扬了佳佳玩的时候也注意观察，这个习惯很好，许多大科学家的发明就是在无意之间发现的。温老师决定让同学们自己动手做个小实验，来说明佳佳的问题。

酸碱魔术师

材料：牵牛花、月季花、紫卷心菜、碱液（5% 氢氧化钠溶液或饱和的澄清石灰水均可）、蒸馏水、稀盐酸

用具：试管、量筒、玻璃棒、研钵、胶头滴管、点滴板、漏斗、纱布

注意：

（1）有些溶液（如氢氧化钠溶液）是有腐蚀性的，应尽可能避免与皮肤和眼睛接触，如果不小心沾到了应立即用大量的水清洗，并告诉老师。

（2）如用试管受测试的溶液体积不宜太大，1~2 毫升即可，避免消耗太多指示剂，而且不易观察。加指示剂时，用滴管滴加，并且将溶液摇匀，注意滴管不可碰到受测。

步骤：

（1）红色卷心菜叶子撕成碎片后放在烧杯中大约 2 厘米高，再加入 30 毫升蒸馏水，把烧杯放在电炉上，加热至沸腾，可得到深紫色的溶液，冷却后把卷心菜倒在另一个烧杯中。

（2）取牵牛花、月季花，分别在研钵中捣烂，加入酒精（乙醇与水的体积比为 1:1）中浸泡，用纱布将浸泡出的汁液过滤或挤出，得到指示剂。

（3）在白色点滴板的孔穴中分别滴入 2 滴氢氧化钠溶液、蒸馏水，注意各种溶液各用一支洁净的吸管吸取，并在几种溶液中分别滴入牵牛花的汁液，观察颜色的变化，并设计表格作记录。然后再依次取上述三种溶液，再取另几种汁液混合，并用玻璃棒搅均，记录颜色的变化。

讨论：

（1）分别说出指示剂在溶液中的变色情况，并说出这几种溶液的酸

碱性。

（2）是什么原因使这些植物的汁液在酸碱性不同时变色？

"那我们可以用自己做的植物指示剂来测验一下我们生活中的一些物质的酸碱性吧？"文文问道。"当然可以。"温老师帮同学们继续研究。

实验二

材料：上述几种自制的指示剂，醋、柠檬汁、肥皂水、洗发水等

用具：点滴板、玻璃棒、滴管、烧杯

步骤：

（1）在点滴板的孔穴中分别滴入 2 滴以上家用溶液，然后滴入牵牛花的汁，记录颜色变化。

（2）在点滴板的孔穴中分别滴入剩余几种溶液，滴入自制指示剂，记录颜色变化。

讨论：检测之后，哪些结果与你的预测是一样的？哪些是当初没想到的？现在回过头来再想一想，当初为什么会那么想？

听温老师讲解

大多数植物中含有花青素，不同种类的植物，不同的环境条件下，细胞液的酸碱度不同，花青素的含量多少也各不相同，因而表现出不同的颜色。

植物花瓣里一般都含有花青素，花青素在酸性条件下呈红色，在碱性条件下呈蓝色。花青素又是由无色的花青素原变来的，花青素原在酸碱条件下都不变色。棉花刚开花的时候，花瓣里主要含花青素原和一点儿黄的色素，黄白两种色素合起来，使棉花花瓣呈现乳白色。开花半天以后，在光照和气温条件作用下，棉花花瓣里的花青素原逐渐变成花青素；棉株这

时候也正处在生长旺盛时期，呼吸作用加强，吸进二氧化碳气较多，使棉株体液呈酸性状态，花瓣里酸性也加重：于是花青素在酸性条件下显现出红色，并且随着花青素的逐渐增加，花色也由粉红色变成紫红色。像棉花那样花色由乳白变红的，还有木芙蓉等植物。

大多数植物的色素在不同酸碱度中会产生不同的颜色，因此可以用来制成酸碱指示剂；一般颜色较深的植物的花或叶比颜色浅的变色效果好；植物指示剂在不同的酸碱度中呈现的颜色都不相同，变色很复杂，取得的指示剂的变色也是比较粗略的。

搜集有关指示剂的资料，比如它的发现过程，等等。

化学谜语

15．炉灶已熄。（打一化学术语）

16 如何让涩柿子变香甜

情景导入

边玩边学化学

妈妈买了一些柿子和苹果，悠悠吃了一个柿子，对妈妈说："柿子没怎么熟，有点涩。"妈妈说："那我来把它们变熟吧。"妈妈把涩柿子和苹果放在同一个塑料袋里，系紧袋口。过了五天，妈妈拿出一个柿子给悠悠，说："你尝尝看，柿子还涩吗？"悠悠尝了尝，兴奋地说："柿子不涩了，真甜！"悠悠又吃了一个苹果，苹果还是一样的甜。妈妈说："我们买来的水果有时没有完全成熟，比如涩的柿子、青的香蕉或者绿的橘子，可以把它们和苹果放在同一个塑料袋里，系紧袋口。过几天，它们就成熟了，就会变得又甜又好吃。"

这是为什么呢？悠悠觉得很奇妙。

第二天上学，悠悠把苹果可以使涩柿子变甜的事情告诉了同学。

小川说："是不是苹果把甜味给了柿子，柿子就变甜了？"

文文说："那柿子是不是把涩味给了苹果，苹果变涩了吗？"

悠悠说："苹果没有变涩，还是很甜。"

佳佳说："会不会是苹果和柿子发生了化学反应？"

于是他们把各自的想法告诉了温老师。

温老师听完他们的提问，说："那我们来研究一下，看谁的想法对，不过这次我们要耐心地观察五天。"

实验一

材料：涩柿子（黄色、硬的，最好不要有疤痕）若干个，大的熟苹果一个，塑料袋两个，水果刀一把，胶头滴管一支，表面皿（或者家里的盘子也可以）一个，0.1%三氯化铁（$FeCl_3$）溶液（用来检验柿子的涩味，往涩柿子切片上滴加后会看到蓝色斑点）适量

步骤：

（1）取一个涩柿子，用水果刀切成两瓣，再在切口一侧切下一薄片，用舌头尖舔一下，感受它的"涩"味；然后把它放在器皿中，用胶头滴管向其表面滴满0.1%三氯化铁溶液，观察柿子切片表面的变化，并记录。

（2）如图，取大个苹果放在塑料袋中，另取几个涩柿子底儿朝上摆放在苹果的周围，系紧袋口。

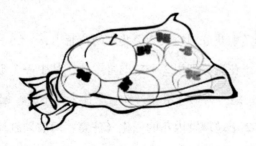

图 16-1

（3）再取与步骤2中同等数量的涩柿子放在另外一个塑料袋中，袋中不放苹果，也系紧袋口，留作与步骤2作对比。

（4）将两个装有柿子的塑料袋在室温下放置，要经常摸一摸柿子的软硬程度，作对比记录。

（5）几天后，装有苹果的塑料袋中，柿子全部变软，从中取出一个柿子，用水果刀切成两瓣，再在切口一侧切下一薄片，用舌头尖舔一下，感受它的味道；然后把它放在器皿中，用胶头滴管向其表面滴满0.1%三氯化铁溶液，观察柿子切片表面的变化，并记录。同时取出没有放苹果的塑料袋中的一个柿子做同样的处理，并记录实验现象。

（6）将熟苹果换成生苹果、熟香蕉等其他水果，重复步骤2~5。比较柿子变软的时间和变软后的口感。

（7）将熟苹果换成蔬菜，重复步骤2~5。比较柿子变软的时间和变软后的口感。

（8）得出结论：催熟效果最好的是哪一种水果？

实验二

材料：红康乃馨花2枝，黄康乃馨花2枝，大的熟苹果1个，装水的花瓶2个，2个玻璃缸

步骤：

（1）将康乃馨花分别插入2个装水的花瓶中，一红一黄为一组。

（2）把2个花瓶分别用2个玻璃缸罩住，其中一个玻璃缸内放上一个成熟的大苹果，编号为第一组，另外一个什么都不放，编号为第二组。

（3）观察2个玻璃缸内花的变化（**注意**：两玻璃缸应尽量处于同样条件下，如温度等）。记录实验现象。

（**提示**：成熟水果释放出的乙烯气体会使鲜花提前枯萎，枯萎的花是不能再复原的。）

柿子的涩味是因为柿子内含有可溶性单宁，单宁又叫茶多酚，酚类物质遇到三氯化铁溶液便会显蓝色，由蓝色的深浅可知单宁含量的多少，所以可以用三氯化铁溶液来检验柿子的涩味。柿子成熟后，单宁与其他物质结合生成不溶性物质，滴加三氯化铁溶液就不再显色了。

那么是什么让柿子成熟的呢？

乙烯，是一种果实催熟剂，成熟的水果会释放出乙烯来诱发其他水果的成熟。在第一个实验中我们看到，成熟的苹果释放出乙烯使柿子成熟，在第二个实验中我们看到，成熟的苹果释放出的乙烯也会使已经开放的鲜花提前枯萎。

可见，只要有效地控制乙烯的生成和作用，就能很好地控制水果（鲜花）的成熟与衰老。

汇报成果

1. 还有哪些方法可以使柿子脱涩？可以试验熟香蕉有没有这种作用。

2. 查找资料：柿子对人体有哪些益处？食用柿子要注意哪些问题？

3. 查找资料：乙烯为何物？乙烯为什么能够促进果蔬成熟？

4. 查找资料：为什么乙烯是衡量一个国家石油化工发展的标志以及乙烯在工业方面的重要用途。

化学谜语

16. 物归原主。（打一化学术语）

17 自制绿色洗涤剂

情景导入

　　星期天，妈妈买回来一些葡萄，文文看见葡萄的皮看上去灰蒙蒙的，好像有很多灰尘，心想：葡萄要洗过了才能吃。于是，她和妈妈一起洗葡萄，妈妈烧了一些热水倒在水池里，然后向其中加了一些淀粉，文文问："妈妈您为什么要加淀粉，而不用洗涤灵呢？"妈妈说："淀粉和洗涤灵都可以洗水果，但淀粉是绿色洗涤剂，而洗涤灵对环境有一些不好的影响，所以我用淀粉来洗葡萄，环保！""是吗？淀粉为什么可以作为洗涤剂？洗涤灵对环境有什么样的影响？除了淀粉，还有哪些物质可以作为绿色洗涤剂？"文文一口气提出了一长串问题。妈妈说："这些问题，妈妈不是很清楚，你可以去网上查一查，或者请教老师同学，好吗？"

求助同伴

　　第二天上学，在班会课上，同学们都汇报了自己在家做家务的情况。文文汇报完后就向大家提出了那一长串问题。

　　小川说："是不是淀粉溶于水里变得很黏，把油污都粘走了？"

　　悠悠说："洗涤灵到水里去后，水就变得滑滑的，还有泡泡，是不是洗涤灵和水发生了化学反应，把油污反应掉了。"

　　佳佳说："我记得我妈妈也曾用过煮面条的汤来洗碗，我们请教温老师吧！"

在课外活动时间，同学们到了温老师的实验室，把各自的洗碗、洗水果的经历和想法都告诉了温老师，温老师说同学们很善于观察生活、开动脑筋，下面我们一起来，从实验中寻求答案吧。

实验一

利用农作物粉去油污

材料：各种农作物粉（江米面、绿豆面、玉米面、黄豆面、小麦面、大麦面、小米面）、植物油（花生油或大豆油等）、洗涤灵

工具：天平、砝码、镊子、药匙、烧杯、量筒、碗

步骤：

（1）称量7只烧杯的重量（注：烘干的），再分别在7只烧杯里放入2毫升植物油。

（2）分别称量7种作物粉各5克。

（3）将7种作物粉分别放入7只烧杯中。

（4）静置一段时间，让作物粉充分吸附烧杯里的油脂。

（5）分别将7只烧杯中没有被吸附的作物粉倒出。

（6）称量烧杯中的油脂吸附作物粉后的重量，将试验结果记录下来。

（7）用显微镜观察各种农作物粉在吸油前和吸油后有什么不同？

（8）得出吸油性最好和最差农作物粉。

实验二

自制各种洗涤剂去油

材料和工具同实验一

步骤：

（1）分别在 8 个碗里放入 2 毫升植物油。

（2）分别称量 7 种作物粉各 5 克，分别放入 7 只烧杯中。

（3）量取 1 毫升洗涤灵，放入烧杯中。

（4）分别向 8 只烧杯中加入热水 100 毫升，搅拌，静置 2 分钟。（如果家里刚好有某种农作物粉的热汤，请取 100 毫升直接进行实验。）

（5）分别将 8 只烧杯中的液体倒入 8 个碗里，将碗刷洗干净后观察油污清洗的情况。

（6）将实验结果记录下来。

从第一个实验我们通过比较得出农作物粉可以吸油，几种农作物的吸油能力有强有弱。

在显微镜下发现，黄豆面和江米面粉质细，粒径特别小，这样可以增加其表面积，再加上其本身每个粉粒表面粗糙，可以吸油。玉米面粒径相对较大，因此吸附油脂的能力明显低于黄豆面和江米面。

从第二个实验，我们可以得出，农作物汤可以吸油，那是因为这些农作物中都含淀粉，淀粉溶于热水，形成胶体，具有较强的吸附性，可以吸附油污和悬浮的物质，因而可以起到清洁、洗涤的作用。而洗涤灵去油污是因为其中有表面活性剂——烷基苯磺酸钠，这个物质可以将大的油污变成很小的颗粒，分解油污，因而起到清洁、洗涤的作用。

在我们生活中，餐厅、饭馆、家庭厨房里洗碗都喜欢使用洗涤灵，因为洗涤灵可以非常方便地去油污，符合我们快节奏的生活。洗涤灵是人工合成的一种洗涤剂，但是其中的烷基苯磺酸钠，对水中的微生物会造成很大影响。这些微生物参与水的净化作用，具有矿化有机物和氧化还原无机物的性质，有助于水体的自净过程。而大量的食用洗涤剂会使水体微生物减少，破坏了水环境，破坏了生态平衡。

在没有洗涤灵年代，人们就靠面条汤、饺子汤、元宵汤来去油，特别是热汤的去油效果更好。因此我们倡导用农作物汤来做为绿色洗涤剂。

汇报成果

1. 关于洗涤灵的调查

（1）调查在超市或商店一小时各种品牌洗涤灵的销售量情况。留意顾客在购买时主要关心洗涤灵的哪些特点。

（2）调查自己所在的班级同学家庭常用的洗涤灵价格、品牌、用量。

2. 比较洗涤灵和我们试验的绿色洗涤剂农作物粉或汤的价格，讨论使用无污染的农作物汤做洗涤剂是否划算？我们如何从生活中廉价地寻找绿色洗涤剂？

从表面看洗涤灵的价格并不是很贵，但从环保的意义上看就大不同了，作物粉是可再生、无污染的资源。洗涤灵是化工品，对环境有危害，如果算环境这个账，用农作物粉更实惠。

3. 探究生活中除了农作物粉之外还有什么东西可以价格低廉地去油污？

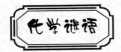

17. 手工作坊。（打一化学术语）

18 红砖与青砖

情景导入

小川家的旁边新修了一栋房子，小川趴在阳台上看建筑工人修房子，工人叔叔先筑起钢筋架子，再用水泥将红砖一块一块的砌上去，咦！这里的砖为什么是红色的呢？小川记得有一次去一个小胡同里，看见那里的平房的砖都是青灰色的，砖为什么有各种各样的颜色呢？

求助同伴

第二天上学，小川问同学："你们见过几种颜色的砖？"

文文说："红的、青灰的。"

悠悠说："我去长城时，看见修长城的砖是青灰色的，是不是古代的砖是青灰色的，现代的是红色的呢？"

小川问："你们知道砖为什么有这些颜色吗？"

佳佳说："是不是和砖里面的元素有关？我们去请教温老师吧。"

请教老师

温老师认真地听完同学们提问，面带微笑地说："一般我们把砖分为红砖和青砖，砖是怎么生产出来的呢？先用黏土制成的砖坯，再放在砖窑

边玩边学化学

中烧制，一般在砖窑中用大火将砖坯里外烧透，然后熄火，使窑和砖自然冷却。如果烧制时，窑中空气流通而充足，砖坯中的铁与氧气反应而生成氧化铁。氧化铁（Fe_2O_3）呈红色，生产出来是红砖；如果将里外烧透的砖坯不断淋水，水受热变成水蒸气，使空气流通受到阻止，窑内缺乏氧气时，砖中的铁和氧气反应生成氧化亚铁。氧化亚铁（FeO）颜色呈青灰色，所以得到的砖是青砖。"

同学们听了温老师的讲解，觉得很有趣。温老师接着说："我们实验室无法模拟烧制砖的过程，但我们可以来检验红砖里的氧化铁，青砖里的氧化亚铁。下面我们就来试一试吧。"

实验一

用具和材料：试管、胶头滴管、烧杯（100毫升）、玻璃棒、药匙、托盘天平（砝码）、研钵、白纸

药品：10%盐酸溶液、10% 硫氰化钾（KSCN）溶液

步骤：

（1）取适量红砖碎块，放入研钵中小心研成粉末，移入一小烧杯，并加入20~30毫升盐酸，放置一段时间，使其充分反应。

（2）取静置后小烧杯中上层清液适量，移入一洁净试管中，用胶头滴管滴加三滴硫氰化钾（KSCN）溶液，观察现象并记录。

（3）取适量青砖碎块，重复步骤1~2。

听温老师讲解

同学们今天提的问题涉及物质的性质，我们来认识其中的原理：

氧化铁的主要性质：红棕色粉末状固体，俗称铁红，不溶于水，能与

酸发生反应生成氯化铁（FeCl₃），氯化铁遇到硫氰化钾变红色。

氧化亚铁的主要性质：黑色固体，不溶于水，能与酸反应生成氯化亚铁（FeCl₂），氯化亚铁遇到硫氰化钾不变色。

红砖易吸水，砖墙和水泥砂浆结合较好，所以人们修房屋大多数用的是红砖，古代的人们则把红砖碧瓦视作权贵和财富的象征。

但由于烧制红砖时需要取肥沃土地的土壤，会破坏土地，所以政府制定了一些政策限制红砖的生产。

由此可见，红砖和青砖都包含着这么多化学知识，化学与我们的生产生活息息相关，所以我们要认识化学、了解化学，学习化学知识，更重要的是，我们要学会用化学的视角看问题，分析问题。

汇报成果

1. 结合老师的讲解，查找资料，给同学们描述制造红砖的过程，以及制造过程中对环境有哪些危害？

2. 了解废旧砖块的用途。

3. 除了可以用硫氰化钾溶液检验溶液中的铁离子以外，还有哪些方法可以检验铁离子？亚铁离子？

化学谜语

18. 各奔前程。（打一化学反应名称）

19　水与健康

情景导入

又到周末了，妈妈决定带文文到郊外去玩。文文去过一次，那里山青水秀，尤其是在半山腰，一股清清冽冽的山泉水从泉眼中冒出，沿着山间的石缝汩汩流下。许多人走到小溪边，弯腰用手捧一捧就喝起来，那清凉的感觉沁人心脾。文文心想，大家为什么爱喝这儿的水呢？这水没有消毒，能直接喝吗？

求助同伴

第二天，文文来到学校，询问同学们家里平时都用的什么水。有的说是自来水，有的说是桶装水，可到底哪一种对人的健康最有利，大家都不太清楚。

请教老师

带着这些疑问，文文找到了自己的化学老师。

温老师首先表扬了文文勤于观察善于思考，同时找来了几个同学和文文一起用实验来研究和讨论。

测量水的酸碱性

材料：蒸馏水、山泉水、自来水、从超市中购买的瓶装水（一瓶或多瓶）（如果学校或家附近还有其他的山泉或河流，也可以取水进行下面的实验。）

用具：试管、玻璃棒、量筒、广泛 pH 试纸（或精密 pH 试纸、pH 计）

步骤：

（1）各取几种水的样品约 2 毫升置于试管中，观察各样品的颜色、状态、气味（河水请取上层清液，避免杂质的干扰）。

（2）用洁净的玻璃棒取三种水的样品滴于广泛 pH 试纸上，测其酸碱度，记录数值并判断其酸碱性。

"从这个实验中我们可以看到自来水、山泉水中含有一些杂质。"文文说。

"但这几种水的酸碱度相差不大。"小川接着说。

这时候，温老师说话了："你们观察得都很仔细，下边我们再做一个有趣的实验。"

实验二

分辨硬水与软水

材料：蒸馏水、山泉水（或河水）、自来水、从超市中购买的瓶装水（一种或多种）、肥皂水等各种水样

用具：试管（带塞子）、胶头滴管

步骤：

（1）在 4 支小试管中分别加约 1 毫升的水样，并标明。

（2）分别往四种水中滴加 2 滴 0.1 摩/升乙酸和 2 滴 0.1 摩/升草酸钠

溶液，振荡。

（3）在试管的背面衬一黑色纸，观察溶液，记录观察结果。

（4）各种水样各取 2 毫升注入试管。

（5）分别向各水样中滴入 5 滴等量的肥皂水，盖好瓶塞，分别振荡三种溶液 10～15 次，测量并记录每支试管的泡沫的高度。

（6）根据产生泡沫情况来判断水的硬度大小，并记录。

讨论：为什么会出现这种现象？在生活中你看到过这种现象吗？这种现象说明了什么？

总结：

（1）肥皂主要成分为硬脂酸钠，硬脂酸根遇到钙离子会生成沉淀。含有较多钙离子（Ca^{2+}）、镁离子（Mg^{2+}）的化合物的水叫硬水；不含或含较少钙、镁离子化合物的水叫做软水。

（2）硬水遇到肥皂水，产生的泡沫少，浮渣多；软水遇到肥皂水产生的泡沫多。可以用这种简单的方法判断软、硬水。

"那么水的硬度对洗衣服有影响吗？"悠悠想到了一个问题。

"当然有影响了，硬度大的水中含有大量的钙、镁离子，这两种离子与肥皂的有效成分硬脂酸钠反应生成难溶于水的硬脂酸钙、硬脂酸镁，这样肥皂就失去了效用。在水的硬度比较大的地区，我们可以改用洗衣粉，洗衣粉与肥皂的有效成分不同，不受水的硬度影响。但是有些洗衣粉含磷，对水的污染比肥皂严重。"温老师解释说。

"我应该试试我们家的水硬度大不大，然后告诉妈妈，让妈妈知道洗衣服的时候应该选用肥皂还是无磷洗衣粉。"小川说。

"对，我们也应该这样做。"同学们表示同意。

降低水的硬度

材料：自来水、肥皂水、酒精灯、火柴、试管、试管夹

步骤：

（1）取自来水于两只试管中，备用。

（2）将一只试管在酒精灯上加热，直至沸腾。

（3）将开水放凉，调整两个试管中的水使其相等，分别向两只试管中滴加等量的肥皂水，振荡，观察。

讨论：两只试管里的现象有什么区别？为什么会不同？这个实验有什么实际用途？

总结：通过加热的方法可以减小水的硬度。加热使可溶性的碳酸氢盐（碳酸氢钙、碳酸氢镁）分解，生成难溶于水的物质（碳酸钙、氢氧化镁），从而使钙离子（Ca^{2+}）、镁离子（Mg^{2+}）形成的硬度消除。这些新生成的化合物就是水垢的主要成分。

听温老师讲解

可饮用水指可以不经处理、直接供给人体饮用的水。生活饮用水水质标准和卫生要求必须满足三项基本要求：

1. 为防止介水传染病的发生和传播，要求生活饮用水不含。

2. 水中所含化学物质及放射性物质不得对人体健康产生危害，要求水中的化学物质及放射性物质不引起急性和慢性中毒及潜在的远期危害（致癌、致畸、致突变作用等）。

3. 水的感官性状是人们对饮用水的直观感觉，是评价水质的重要依

据。生活饮用水必须确保感官良好，为人民所乐于饮用。

在我们日常生活中常饮用的几种水中，纯净水在清除有害元素的同时，把对人体有益的物质也除掉了，有用和没用的全部除掉了。就像给婴儿洗澡，洗完后连婴儿都泼走了。而一些矿泉水中虽含有对人体有益的微量元素，但它的矿物质含量较高，摄取过多的矿物质，会对肾脏带来伤害。而其中高钠是造成高血压的罪魁之一。山泉水流经的地理环境复杂，不能确定是否被污染。

"看来我们还是多喝用自来水烧的白开水，这样的水都经过消毒，既有人体所需的微量元素，酸碱度也和人体相差不大。"悠悠说。

文文也发表了意见："从经济角度考虑也是最佳选择，同时也可减少生产瓶装水过程中产生的环境污染。"

温老师点头同意同学们的意见。

汇报成果

我们计划做一次健康宣传活动，动员同学们要坚持喝白开水，少喝瓶装水和饮料。

化学谜语

19. 嫩皮软质白蜡袍，一生常在水中泡，有朝一日上岸来，不用火点烟自冒。（打一化学物质）

20　茶叶残渣的处理

茶叶是中国的一种传统饮品。围绕着茶的话题，人们赋诗、绘画、吟诵、品茗。但是，很少有人关注在我们每次喝茶后，都会有许多茶叶残渣要处理。人们经常将其随手倒进厕所、下水道，造成排水管的堵塞，有时还因为长期淤滞造成茶叶残渣的腐败，污染大气和水源。

据有关资料统计：目前世界每年茶叶消费总量已近 300 万吨。但是，无论茶楼、酒楼还是家庭，人们都将茶叶残渣与其他生活垃圾混在一起，茶叶被当作废弃的垃圾填埋或倒入江、河、湖水中，这不仅带来环境污染，而且还造成大量有用资源的浪费。

茶是中国的传统饮品

这不，清晨刚一起床，爸爸就把昨晚喝剩的茶水一股脑地倒了。

"爸，你又没有把剩茶叶算出来。妈妈在家又该批评你了。"小川生气地说，"以后还是我给你倒吧。"

"您说，这茶叶要像我喝的果珍该多好呀！全溶了，一点儿也不浪费。"小川若有所思。

"其实，这茶叶残渣也能不浪费。收起来做个茶叶枕就很好。你小时候，你奶奶就曾经给你做过一个。"爸爸好像突然想起来些什么。

"真的？喝剩的茶叶还有用呢？"小川很是惊奇。

与同伴合作

"铃……"父子两人正聊着天，电话响了。是文文来找小川去爬山。

"你爸爸喝茶吗？"文文问小川。

"喝。我爸爱喝浓茶，每天要沏两次呢。"小川说。

"那你爸把喝剩的茶叶怎么处理呀？"

"倒了呗。"两人边爬山，边聊着。

"我觉得太浪费了。我爸爸说茶叶残渣可以做茶叶枕。我小时候，奶奶就给我做过。"小川得意地说。

"我在超市里见过茶叶枕。要不回去咱们查查废茶叶的用途吧。"

"好！再叫上几个同学一起查，知道的就多了。"

几位同学各显神通，有去图书馆的，有找家长咨询的，有上网搜索的。不一会儿，茶叶残渣的用途就收集了好几条：

1. 制作茶叶枕。用过的茶叶不要废弃，摊在木板上晒干，积累下来，可以用作枕头芯。据说，因茶性属凉，故茶叶枕可以清神醒脑，增进思维能力。

2. 煮茶叶蛋。

3. 驱蚊。

4. 帮助花草发育与繁殖。

5. 杀菌治脚气。

6. 消除口臭。

7. 护发。

8. 洗涤丝质衣物。

9. 去鱼腥味。

"你们说，那么多人喝茶，每天的茶叶残渣是不是应该非常多呀？而利用这些残渣的人可能又非常少。我们是不是应该做些调查，再做些试验，看看这些方法是不是真的有效呀？"

"同意。"

"我们分头行动吧。我们俩负责调查，你们负责试验吧。"几个人一拍即合。

开展社会调查

茶叶残渣回收利用调查表一

调查对象：邻居、老师、朋友、家长中的喝茶的人

姓名：_____　　籍贯：_____

序号	问题
1	您喝茶几年了？ A. 几十年了　B. 5~10 年　C. 1~5 年　D. 刚开始喝茶不到 1 年
2	您一个月消费茶叶大约是多少？ A. 25~50 克　B. 50~250 克　C. 250~500 克　D. 500 克以上
3	您认为废茶叶可以回收吗？ A. 可以　B. 不可以　C. 不知道
4	您一般在哪里喝茶？ A. 家里　B. 办公室　C. 茶楼　D. 酒楼
5	您处理茶叶残渣的方法是什么？ A. 倒掉　B. 把茶叶用作种植肥料　C. 留下来做其他东西
6	您是否了解可以用茶叶作肥料？ A. 是　B. 否　C. 不清楚

7	如果您家有盆栽，您用什么施肥？ A. 化肥　B. 农药　C. 茶叶　D. 自然生长
8	您认为如果把农药施肥改为茶叶施肥将会有什么好处？ A. 节省费用　B. 对植物长势有好处　C. 排水好　D. 三样都有

茶叶残渣回收利用调查表二

调查对象：面向公共场合的茶叶消费情况的问卷调查，到茶楼、酒楼、公司，开展面向群众的问卷调查

序号	问题
1	贵单位每天消费（销售）的茶叶是多少千克？ A. 10千克以下　B. 10千克左右　C. 10~20千克　D. 20~50千克
2	贵单位是否有设早茶或夜茶？ A. 设早茶　B. 设夜茶　C. 早茶、夜茶都设　D. 没设早、夜茶
3	贵单位是怎样处理茶叶残渣？ A. 倒掉　B. 把茶叶用作种植肥料　C. 留下来做其他东西
4	贵单位负责清洁的人是否知道茶叶残渣可以回收利用？ A. 知道　B. 不知道
5	如果我们将茶叶残渣进行回收并运用于种植贵单位的植物是否会得到支持？ A. 支持　B. 不支持　C. 无所谓

通过网络和走访专家了解茶叶残渣的价值，探讨茶叶残渣用途，将结果列入调查表三：

茶叶残渣回收利用调查表三

编号	对茶叶残渣的处理	原因和用途
1	将茶叶残渣晒干后制成茶枕头	不仅能去头火，而且对于高血压患者和失眠患者有辅助作用
2	茶叶残渣埋进花圃、绿化带、盆栽中	茶叶残渣中含儿茶素、咖啡碱、维生素C、维生素E等有机成分和镁、锰、磷酸、氮、钾、钠、碘等无机成分，发酵后可以做肥料，不仅促进花木的生长，增强排水能力，增进花木的活力
3	将茶叶残渣撒在地毯上，用扫帚拂扫	茶叶残渣有吸附作用。能吸附水分，还能吸附尘土，能将尘土扫除
4	将茶叶残渣放入冰箱中	茶叶残渣有吸附作用，可以除臭

实验

材料：人工草、月季花及山茶花、茶叶残渣

用具：小铲、玻璃杯、枕头布

步骤：

（1）收集茶叶残渣，利用茶叶残渣进行堆肥，研究茶叶残渣对植物生长发育的作用。

（2）以人工草作为研究对象，开辟两块实验地，一块在土中加入茶叶残渣（A 地），一块没有放茶叶残渣（B 地），通过拍照、丈量、测量、统计、对比的方法，收集整理数据，并对收集的资料进行分析总结。将试验结果记录在表格中进行对比研究。

（3）以山茶花作为试验的对象，将茶叶残渣放在不同的层面上研究茶叶残渣对植物排水能力的作用。从实验中我们发现茶叶残渣对植物的生长有重要的作用，它为植物提供生长所需的养分。那是否茶叶残渣放得越多越好呢？茶叶残渣放在哪个位置（层面）最有利于植物的生长呢？我们可以再进行实验验证。

（4）测定土壤的 pH 值并进行观察记录。

（5）以月季花代替山茶花重复实验步骤 3~4，并记录。

"看来茶叶残渣对植物的生长还是有帮助的。那你们说这是什么道理呢？"

"我们查资料时，看到一些解释，但不太明白，我们去问问老师吧。"

请教老师

1. 为什么利用茶叶残渣进行种植不是越多越好？

茶叶残渣通过微生物进行发酵分解出植物容易吸收的养分，由于茶叶是碱性，当茶叶含量太高就会改变土壤的酸碱性，使土壤的 pH 值 >8（一般土壤的 pH 值是 5.6 左右）大大高出植物适宜生长的土壤环境，就会出现"植物的大部分叶子变黄并脱落"的现象，因此利用茶叶残渣进行种植应该适量。

2. 为什么把茶叶残渣埋在泥土深处对植物的生长更好？

通过大家的实验我们看到，如果将茶叶残渣直接放在根部周围，由于茶叶残渣在发酵过程中会产生大量的二氧化碳，大量的二氧化碳聚集在根部周围，造成土壤温度上升，妨碍根部对养分和水分的吸收，出现根部缺水和缺氧的现象，造成叶子变黄甚至脱落。因此茶叶残渣应该埋在泥土深处使它充分发酵，避免出现叶子枯黄的现象。

"原来是这样。"

"我们再把茶叶残渣的其他用途也进行试验吧。这样就可以告诉大家更准确的信息了。"

"做完实验，就用我们自己的实验结果动员大家充分利用茶叶残渣。"

"好！"

汇报成果

1. 我们计划动员班上的同学在家协助父母利用茶叶残渣。

2. 我们计划设计一张展板，向全校同学进行宣传，并到附近小区、茶馆进行宣传。如果我们能得到资金的支持，我们会设计一些宣传单发放给需要的人。

化学谜语

20. 千锤百击出深山，烈火焚烧只等闲；粉身碎骨何所惧，要留清白在人间。（打一种化学物质）

21　口香糖对环境的影响

情景导入

今天是周日，一早小佳约了小文到小区的广场上一起锻炼身体。

小佳到了楼下，远远地就看到小文已经坐在长椅上等她了，小佳快步走向小文还一边走一边和她招了招手。只见小文刚要站起来，又坐了回去。

"怎么了，小文？"小佳好奇地问。

"我裤子上不知道粘到了什么，你快帮我看看。"小文说着又站了起来。

"呀，是口香糖。"小文蓝色的运动裤上一块明显的污迹，小佳一眼便认出来了。

"我昨天刚洗干净的，明天体育课我还打算穿呢。看来只好你自己锻炼了，我得回去看看能不能把它洗掉。"小文无奈地说。

第二天小佳一到教室就被小文叫到一边，只见小文一脸愁眉说："裤子上的口香糖很难洗掉，我们一起去问问老师怎么办吧。"

请教老师

温老师耐心地听完她们的讲述，让她们做了一系列的实验来了解口香

89

糖嚼完后的残渣——胶基的性质。

实验一

口香糖胶基耐酸、耐碱腐蚀性的实验

材料：口香糖胶基（将嚼食后剩下的口香糖残渣留下，分成黄豆粒大小备用）、1:4 盐酸、碱液（40% 氢氧化钠）、锌粒或小铁钉、毛线或头发少许

工具：试管、酒精灯、火柴、烧杯（100 毫升或 50 毫升）、三脚架、石棉网、玻璃棒、坩埚钳或镊子、试管夹、胶头滴管

步骤：

（1）取三只试管，分别加入黄豆粒大的口香糖胶基、一小粒锌粒、一个小铁钉。

（2）在三只试管中分别加入等量的盐酸，观察口香糖胶基、锌粒、铁钉的变化。

（3）分别给三只试管加热，观察比较口香糖胶基和金属的变化并记录。

（4）取三只试管，分别加入黄豆粒大的口香糖胶基、一小段纯毛毛线、一些头发。

（5）在三只试管中分别加入等量碱液，观察其中的变化并记录。

（6）分别给三只试管加热，观察比较口香糖胶基、毛线和头发的变化并记录。

实验二

灼烧口香糖胶基的实验

材料：口香糖胶基、铜片

工具：试管、酒精灯、火柴

（1）把一小块口香糖胶基放在铜片上。

（2）将铜片放到酒精灯火焰上灼烧，观察胶基的变化并记录。

实验三

有机溶剂溶解口香糖胶基实验

材料：口香糖胶基、丙酮、酒精（75%）

工具：试管、玻璃棒

（1）取两只试管，各加入一粒胶基，分别加入等量的酒精、丙酮（或汽油、柴油）。

（2）分别用玻璃棒搅拌，观察现象并记录。

实验四

口香糖黏性实验

材料：口香糖胶基、布、玻璃、塑料布、纸片、铜片

步骤：

（1）取一小块胶基，捋成长条状，测量长度。将这块胶基拉丝，测量最大长度。

（2）把口香糖胶基粘在布、玻璃、水泥地、塑料布、纸片、铜片上，待稍干后设法将其取下，记录所用方法及处理后的效果。

实验五

口香糖胶基掩埋实验

材料：口香糖胶基

步骤：将口香糖胶基埋在花盆或土地里，约一个月后观察胶基的变化并记录。

注意事项:

(1) 酸、碱有较强的腐蚀性,使用时应特别注意,如不小心弄倒皮肤上应及时用清水冲洗。用过的残液应妥善处理,不要随意倾倒。

(2) 活动后认真清理场地及工具,不要污染环境。

讨论:

(1) 通过这一系列研究你对口香糖胶基的性质有了哪些了解?

(2) 口香糖胶基是如何污染环境的?试举例说明。

(3) 提出几种消除口香糖胶基污染的方法,并分析哪种方法最积极、可行?

听温老师讲解

很久以前,人们就有一种在嘴里咀嚼无营养物质的习惯。考古学家在瑞典发现了一枚 9000 年前的人类头盖骨。在这枚头盖骨的牙缝中,有一块已经成为化石的口香糖。可见口香糖年代之久远。

北美印第安人的口香糖是一种云杉的树脂。100 多年前,墨西哥人的口香糖是糖胶和树胶的混合物,而现代口香糖的主要成分是一种代替树胶的合成树脂加上精制白橡胶、溶剂白蜡等添加剂制成的。口香糖是合成物质与乳胶制品的混合物,在生产过程中先溶化过滤这种混合物,然后再添加一些香料,便制成了口香糖。

全世界每年要嚼掉大约 10 万吨的口香糖,这是一个非常可观的数目。口香糖的胶基既耐酸又耐碱,在自然环境中(如土中)难以清除,虽然它可被烧毁,但如果是分散地粘在公共场所,实际上也难以销毁,因此它形成一种特殊污染,清除起来很棘手。经四氯化碳浸泡可以溶解,但四氯化碳是有毒物质,也会对环境造成污染,同样因口香糖分散地粘在公共场

边玩边学化学

所，难以浸泡清除。因此，这种方法也是不可取的。另外，口香糖中含有 DPOD 和 BPDG 两种增塑剂，都是有毒的物质。如果每天嚼 7~8 块口香糖，便会达到人体中毒的剂量，影响食欲，危机健康。

汇报成果

1. 我们计划动员班上的同学，这个学期在小区广场、公交车站、商场、公园等场所进行口香糖残胶数量调查。

2. 我们计划动员同学，从此不再咀嚼口香糖，为保护环境作出贡献。

3. 设计一份关于口香糖的小报，在自己的社区或自己的家庭开展宣传，希望大家减少口香糖的消费，动员大家将口香糖残渣放到垃圾箱内，减少随处乱粘的情况发生。

化学谜语

21. 雪骨冰肌俏姑娘，衣着入时好打扮；在家之时一身素，下水又换蓝泳装。（打一化学物质）

22 捕捉身边的粉尘

文文在乡下的舅舅最近老咳嗽、呼吸不畅、胸部发闷，从乡下来城里看病，医生诊断是肺部有问题。原来文文的舅舅在一家水泥预制板厂工作，用水泥制作各种建筑板材，长期接触水泥，吸入了一定量的水泥粉尘，造成呼吸道疾病。

"粉尘这么可怕呀。我们身边的粉尘多吗？是不是感觉不到粉尘的存在就说明没有粉尘呢？"文文陷入了思考。

求助同伴

文文找来了小川、佳佳和悠悠，一起研究这个问题。

"每天老师在黑板上写字，学生擦黑板，会产生很多粉尘，教室的粉尘一定很多。"佳佳说道。

"学校门口紧靠马路，每天车来车往，粉尘也会很多。"小川补充道。

"公园里空气清新，粉尘一定少。"悠悠也发表了自己的看法。

粉尘那么小，且漂浮在空气中，如何抓住粉尘并测量多少呢？大家感觉有必要请教一下温老师。

请教老师

温老师听完他们的讲述，首先给他们简单讲解了一些粉尘的知识。

粉尘是指悬浮在空气中的固体微粒。我们生活中用肉眼观察到的灰尘是粉尘的一种，这种颗粒物较大，通常很快会落下来，我们可以称之为粗颗粒物。还有一种粉尘叫飘尘，又称可吸入颗粒物，不能很快落到地上。通常能在大气中悬浮 10 天。可吸入颗粒物又可分为精细颗粒物和超细颗粒物，肉眼无法看到单独的可吸入颗粒物，但可以看到它们的聚集体，如机动车排放的黑烟灰。可吸入颗粒物极其细小，普通光学显微镜看不到，科学家们用电子显微镜来观察。

由于条件有限，我们可以采用胶带纸，利用其黏性来收集大颗粒物。因为大颗粒物下落较快，而且尺寸较大，用实验室的显微镜比较容易观察。

实验一

用具：不同颜色的打印纸（或卡片纸）、剪刀、胶带、放大镜或显微镜、显微镜载玻片、培养皿

步骤：

（1）制作捕捉器

a）取一张打印纸（或卡片纸），沿一边剪下一圆形，直径比培养皿略小，在中间打一个孔，注意孔的大小要比胶带纸小。

b）用胶带将小孔盖住，将圆形纸放入培养皿中，注意胶带纸粘的一面朝上。盖上培养皿盖。（如下图：可用不同颜色的纸制作来采集不同区域的样品）

22

捕捉身边的粉尘

95

图 22-1

（2）确定被调查区域，绘制地形图

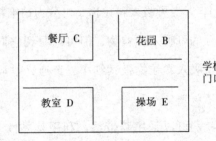

（3）收集和观测粉尘（颗粒物）

a）将固定有胶条的培养皿放置在不同的调查区域，打开培养皿盖，记录下地点和时间。（为防止别人破坏，可在培养皿下面放一说明书）

b）45分钟后，盖上培养皿盖，取回捕捉器。（若没有培养皿盖，可放在塑料袋内取回）

c）取一未用过的捕捉器，黏面朝上，放在显微镜下（或放大镜）观察，作为对照。然后再观察实验中使用的胶带。

d）将观察到的颗粒物按尺寸分成大、中、小，设计表格并记录下每种颗粒物的数量。

讨论：

（1）收集到的最大颗粒物的地方是哪里？收集到的最小颗粒物的地方在哪里？

（2）哪里收集到的颗粒物最多？哪里收集到的颗粒物最少？

（3）哪种职业的人所处环境有较高的颗粒物污染威胁？

（4）怎样降低我们身边空气中的粉尘呢？

温老师让同学们再研究一下粉尘性质。

实验二

材料：面粉、楼道灰尘、马路灰尘、水泥粉、烟尘、化纤衣料或头发

用具：塑料梳子（或塑料尺子）、放大镜、培养皿、胶头滴管

步骤：

（1）对粉尘的带电性的研究

a）取一把塑料梳子（或塑料尺子）在化纤衣料或头发上摩擦。

b）把梳子靠近粉尘样品，然后用放大镜观察梳子表面有怎样的变化。

c）观察、对比家用电器如电脑、电视机屏幕和其他家居用品表面浮尘多少并记录。

（2）对粉尘的可湿性和可硬性的研究

a）取几种粉尘样品于培养皿中。

b）向其中加入几滴水。

c）观察粉尘是否导电、吸水、变硬并记录。

讨论：

（1）根据粉尘的性质，你认为应该采用怎样的打扫卫生方式？（如教室）

（2）本地区空气中粉尘产生的原因是什么？

总结：

（1）我们的身边存在很多粉尘，对人体危害很大。

（2）粉尘有带电性，有的粉尘能被水润湿，有的粉尘不能被水润湿。

（3）要关注身边对是否有造成粉尘污染的行为并积极宣传粉尘污染的危害。

1. 大气中的粉尘

根据国际标准化组织规定，粒径小于 75 微米的固体悬浮物定义为粉尘。在大气中粉尘的存在是保持地球温度的主要原因之一。它能吸附水汽，使水汽易于其周围凝结，其饱和水汽压力大大减小，变成云、雾、雪等。在这一变化过程中，粉尘起了凝结核的作用。另外，天空中呈现的蔚蓝色、旭日东升或夕阳西下的绚丽景色也是大气中粉尘作用的结果。

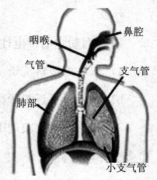

人体呼吸系统

大气中过多粉尘将对环境产生灾难性的影响，是诱发人体多种疾病的主要原因。颗粒物的直径越小，进入呼吸道的部位越深。10 微米及以上直径的颗粒物通常沉积在上呼吸道，如在院子或花园里忙碌了一天，你会发现鼻腔里的黏液都是黑的。5 微米直径的可进入呼吸道的深部，2 微米以下的可 100% 深入到细支气管和肺泡，并能穿过细胞壁到达血管中，引起血液中毒，未被溶解的污染物，也可能被细胞所吸收，导致细胞结构的破坏。可吸入颗粒物被人吸入后，会累积在呼吸系统中，引发许多疾病。对粗颗粒物的暴露可侵害呼吸系统，诱发哮喘病。细颗粒物可能引发心脏病、肺病、呼吸道疾病，降低肺功能。

2. 粉尘的带电性又称荷电性

物质在粉碎过程中和流动中相互摩擦或吸附空气中的离子而带电。粉尘的荷电量取决于粉尘的大小和比重，也与空气的温度和湿度有关。温度升高时荷电量增多，湿度增高时荷电量降低。人们还认识到，荷电尘粒易阻留在体内。化纤类布料极易吸附尘土就是因为尘土的荷电性。电除尘器就是利用人工的方法电离空气，从而使尘粒带电来进行除尘的。

3. 粉尘的可湿性和可硬性

粉尘是否易于被水（或其他液体）湿润的性质称为粉尘的湿润性。根据粉尘被水（或其他液体）湿润的程度不同，可分为亲水性粉尘和憎水性粉尘。容易被水（或其他液体）湿润的粉尘称为亲水性粉尘；难以被水（或其他液体）湿润的粉尘叫憎水性粉尘。亲水性粉尘被水湿润后会发生凝聚，质量力增大，有利于粉尘从空气中分离，亲水性粉尘可以考虑采用湿法除尘；憎水性粉尘不宜采用湿法除尘。

有的亲水性粉尘（如水泥、白灰）与水接触后，会发生黏结和变硬，堵塞管路，这种粉尘称为水硬性粉尘。水硬性粉尘不宜采用湿法除尘。

请同学们检测自己家庭室内的粉尘情况。

化学谜语

22. 一路洒落十升粮。（打一化学仪器）

23 警惕身边的化学品污染

"什么气味这么刺鼻呀?"原来是邻居家的装修工程进入到了刷漆这一步。"为什么不买没味的环保涂料呢?"小川暗暗抱怨着,"污染空气!"

回到家,电视里正在播报今天的空气质量,是Ⅱ级。"咱们这只怕是Ⅳ级!"

"怎么了?这么不高兴。"妈妈问道。

"楼下那家装修,太味了!"小川皱皱眉头。

"其实,他家用这种材料,受害最重的还是他们自己。别看现在他们不在这住,以后可要一直住下去的。有些有毒物质可不是一天两天就能散尽的。"爸爸说。

"他们用的是什么东西呀?他们知不知道这些东西有毒呢?"

"他们具体用的什么需要去看看才知道。但我估计应该是油漆或者质量不太好涂料。这些都是化学品,会造成污染,让我们受害的。"爸爸说道。

"那我们去告诉他们,换一种材料吧。不然,我们病了,他们还得给我们花钱治病。"

"你可以去试试,但不要抱太大的希望。装修的花费很高,如果人家想省钱,你说了他们只会一只耳朵进,一只耳朵出,把你应付走了了事。

而且这种污染对人体的伤害也不一定就能立竿见影的表现出来。等生病时又难以对证。即使是他们自己生病了，也不一定就能想到是装修造成的。"爸爸对小川的想法不以为然。

求助同伴

"我去找文文他们想想办法。"小川说着就走出了家门。

"我们先去找找老师，问问该怎么办吧。"两个人又约了几个好朋友一起来找温老师。

请教老师

温老师听了小川的抱怨，非常理解。她告诉同学们这可以被称之为是"化学之痛"。

为了提高人们的生活质量，我们发明了许多化学品。其中化肥、农药的发明为提高农业产量提供了保障。人们为了美化生活，发明了染发水、烫发剂、化妆品以及各种各样的油漆涂料。还有为方便生活的干洗剂、家用电池、驱虫剂、消毒水以及各种各样清洁剂等等。

令人不安的是世界上大部分的空气、土壤和水都被这些化学品污染了。化学品一旦进入某一部分环境中就会影响与该环境发生联系的所有生物及整个生态系统的平衡；能够杀死农田病虫害的农药导致了鸟的灭亡。城市家庭使用的含磷洗涤剂，使河流湖泊内的鱼类减少。许多种动植物都受到了有害化学品造成的污染，来自家庭的有害化学品废物数量也十分惊人，这些化学品废物也都通过各种途径进入环境。

能够存留很长时间的化学品叫"持久性化学品"。持久性化学品在环境中不分解，有的能存留几个世纪，它们在环境中以物理形态转移并在食物链中循环。一些因毒性大而在几年前就禁止使用的农药今天仍存在于环境中。持久性化学品会通过"生物富集"的过程在食物链中积累，因此其危害性更大。因为化学品滞留在动物的组织和内部器官中，食物链高层的动物比食物链底层的动物进食量要大得多，所以随着化学品在食物链中层层上移，其浓度不断增高，这些处在食物链高层的生物，体内化学品浓度足以达到引起各种疾病的程度。人类处在食物链的最顶层。人类是食用高浓度化学品的动物，所以环境中的化学品造成的危害对人的威胁是最大的。

"你家邻居使用的材料，即使是合格产品，也是不环保的。不但会污染空气，还会在工人洗手、洗衣服的时候污染水。如果，被污染的水随意的泼到土地上还会污染地下水，产生一连串的污染。"

"那怎么办呢？"

"你们先做些调查，查看一些资料，对化学品的污染问题有些具体的认识，然后我们再讨论该怎么办吧。我建议大家首先回到家里清点日常生活中都用到了哪些化学品？哪些是对人有害的、有毒的、有危险的？然后再分成不同的小组，如校园化学品小组、社区化学品小组、农村化学品小组、工厂化学品小组等，分头了解有关化学品对人和动植物的危害方面的资料。"

调查一

（1）寻找家庭中的化学品（温馨提示：从衣食住行等方面进行寻找）。

（2）然后分别从用途、主要有害成分、主要危害，以及它们是否有代用品等方面列表分析。

调查二

（1）寻找校园、社区、农村、工厂等不同地方的化学品。

（2）列表分析同调查一。

汇报成果

1. 在我们调查的众多化学品中哪些是危险有毒化学品、哪些是有害化学品、哪些是一般化学品？有毒、有害化学品是怎样进入环境的？

2. 进入附近社区宣传化学品的危害。我们要让更多的人知道生活中的化学品给环境、给人类和动物造成的危害，使更多的人都能行动起来，明智地选择化学品。

化学谜语

23. 先服一帖药，看看有无效。（打一化学实验用品）

24 刷牙不忘节约资源

"叮……"闹钟响了，该起床了。小川还没睡醒呢，真想再睡一会儿，没办法，上学不能迟到。小川迷迷糊糊地穿好衣服，去卫生间洗漱。不好，小川不小心把牙膏挤多了，满嘴泡沫，用了很多水连续漱口几次，感觉嘴里还是有牙膏，好像牙膏吃到肚子里了，一整天都不舒服。这件事给小川留下了深刻的印象。每天人们都要刷牙，使用牙膏。在刷牙的过程中挤牙膏的方式有几种？牙膏嘴的形状与牙膏的使用量以及刷牙使用的用水量有什么关系？看来有必要研究一下刷牙问题。

小川把自己的思考说给文文、佳佳、悠悠听。

"每个人的习惯不同，挤牙膏的方式也不同。"文文说。

"常见挤牙膏的方式有哪些呢？我还从未仔细观察过别人挤牙膏的方式呢。"佳佳补充道。

"刷牙需要多少牙膏合适呢？"佳佳又说道。

"我挤牙膏都是凭感觉，没有具体的量。刷牙用的口杯大小也会影响用水量。"悠悠说道。

听了小伙伴的议论，小川认为应该调查一下人们常见的挤牙膏方式、牙膏用量、漱口杯大小，找出较好的挤牙膏方式，最大限度地节约水资源。具体做法还是请教一下温老师。

请教老师

温老师耐心地听完他们的讲述，建议他们从观察自己和身边的爸爸、妈妈如何刷牙开始。

实验一

材料：平常用的牙膏

用具：牙刷、带刻度的小烧杯（可用生活中有刻度的塑料杯代替）、记录纸、笔、水桶

步骤：

（1）用平常的方法刷牙，但是这一次要仔细观察每一个细节。

a）牙膏挤在牙刷上的形状；

b）刷牙、漱口的用水量；

c）漱口池中是否残存牙膏，这些牙膏要用多少水才能冲干净？

注意：测量用水量可以用带刻度的小塑料杯。除了观察自己的行为外，也要仔细观察家里其他人的做法。

（2）计算与讨论：

a）计算冲净漱口池中残存牙膏的用水量占总用水量的百分比。

b）从上面的观察中可以找出哪些问题？

c）在这样的刷牙过程中，我们浪费了什么？

d）浪费的量有多大？

e）在这个过程中，哪些做法需要改进？

温老师听完大家的讨论，又让他们做了一个实验。

实验二

步骤：

（1）观察自己和父母以及邻居在刷牙时，把牙膏挤在牙刷上的方法（如牙膏嘴是悬垂在牙刷表面、与牙刷表面成一定角度，还是垂直压在牙刷表面），并列表分析总结。

（2）根据观察结果，可以进行下面的实验并进行记录：

a）将牙膏嘴垂直压在牙刷表面上，看看挤出的牙膏是什么形状？请绘画能力强的同学画在下面空白处，作为观察记录保留。（下同）

思考：这样刷牙时，是否会掉牙膏？如果还掉，是减少了？还是增加了？

b）将牙膏嘴与牙刷表面成倾斜45度角，看看挤出的牙膏是什么形状？这样刷牙时，是否会掉牙膏？如果还掉，是减少了？还是增加了？

c）将牙膏嘴以1~2毫米的高度悬垂在牙刷表面上，看看挤出的牙膏是什么形状？这样刷牙时，是否会掉牙膏？如果还掉，是减少了？还是增加了？

每种方法都进行一周时间的实验和观察（如果能进行一个月就更好了），全家人根据牙膏挤在牙刷上的形状进行分析，而且全家人都进行实验，每次实验都进行记录，并分析各种方法的优缺点。

讨论：怎样做能够既符合人们的习惯，又能解决问题呢？

实验三

步骤：

（1）调查日常用品中，各种管状或圆桶状包装的口都是什么形状？

（2）不同的口挤出来的膏体是什么形状的？

（3）根据调查和实验的结果，结合自己的想法制作一个最实用的，能够解决问题的牙膏嘴，请同学和朋友试用，提出意见，进行进一步改进。

找缺点进行改进，是小发明活动选题的主要途径。无数新发明都是在克服原有技术或产品的缺点的过程中获得成功的。例如有的桌子用起来很方便，但占地面积太大，人们就发明了各种桌面可以折叠的桌子。原来铅笔上面没有橡皮，用起来还要到处找橡皮，于是带橡皮的铅笔就问世了。我们在生活中、学习中经常会遇到一些不如意的事情，只要我们认真观察，不放过那些影响我们生活质量的产品和技术，然后设法对它们的缺点提出改进方案，一个小发明就诞生了。

我们计划动员同学调查家庭节约用水小窍门，宣传我们的研究成果，让大家一起来节约资源。

化学谜语

24. 笔直小红河，风吹不起波，冷热起变化，液面自涨落。（打一实验仪器）

25 二氧化硫——酸雨的主角

好不容易盼到暑假了，爸爸妈妈带小川到山西老家看望爷爷奶奶。一路上高速公路两旁绿树成荫，红色的屋顶在绿柳的掩映下构成一幅美丽的图画。

汽车沿着山路飞驰而上，很快到了目的地。这是一个山间的小镇，随着地势的起伏人们的房屋分布在街道的两旁。很快小川就发现这个小镇和其他地方有些不一样，它并不破旧，但包括房屋、地面甚至地上的小草在内，都像是覆盖了一层黑黑的东西。家里的水泥瓷砖表面也有些坑洼，不是很光洁。

爸爸告诉小川："咱们的老家主要产煤，咱们国家使用的煤有相当一部分是从这输送出去的。"

"但是对环境影响太大了。"小川说。

"是啊，虽然治理了很多年，但还是没有根治。这些年还时常下酸雨，你看这些房子，很大程度上受到酸雨的侵蚀。"爸爸解释说。

"酸雨是什么?"小川好奇地问。

"具体的你回家查资料吧。"爸爸给小川留了一个悬念。

酸雨就是酸性的雨。未被污染的雨雪是中性的，pH 近似等于 7；当它为大气中二氧化碳（CO_2）所饱和时，略呈酸性，pH 值为 5.65。若被大气中存在的酸性气体所污染，pH 值小于 5.65，这样的雨叫酸雨；pH 值小于 5.65 的雪叫酸雪；在高空或高山（如峨眉山）上弥漫的雾，pH 值小于 5.65 时叫酸雾。

请教老师

"酸雨到底是怎样形成的，对环境有什么影响呢?"小川向温老师请教。

温老师听说小川回老家遇到了新问题，他决定帮同学进一步了解有关知识，以提高同学们保护环境的意识。环保课上，老师把同学们带到实验室。

降水的酸度来源于降水对大气中的二氧化碳和其他酸性物质的吸收。一般二氧化碳引起的酸性是正常的。现在无论是工农业还是日常生活中，我们都大量使用化石能源。不论是煤炭、石油，还是天然气中都存在着硫，而且各地矿产的含硫量也不相同，有些矿物质中的含硫量很高，如我国贵州和四川南部有些煤矿生产的煤含硫量高达 5%～6%，四川有些气田生产的天然气含硫量也有 3% 左右。大量燃用高含硫量的化石能源，会使大气中二氧化硫（SO_2）的含量不断增加，二氧化硫溶于水形成亚硫酸（H_2SO_3），也易被氧化为硫酸（H_2SO_4），当大气中的这些酸达到一定值时，下降的雨水的 pH 值就会小于 5.6，最终形成酸雨。四川盆地和山西都是我国重度酸雨区之一。大家看下面这幅图，图中显示出目前我国已形成

的六个重度酸沉降区域：西南、珠三角、长三角、淮海区、大北京地区和
"三（晋陕蒙）西"。

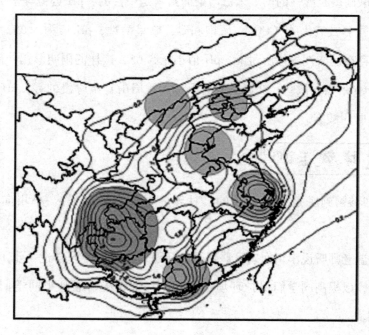

我国已形成的六个重度酸沉降区

下面我们制取一些溶液模拟酸雨，看看酸雨对于建筑、生物的生长有
什么样的影响吧。

实验一

制取模拟酸雨

材料：亚硫酸钠（Na$_2$SO$_3$）粉末、60%的硫酸、氢氧化钠溶液、蒸
馏水

工具：锥形瓶、分液漏斗、导管、胶塞、橡皮管、集气瓶、量筒、玻
璃棒、试管、托盘天平、pH试纸（最好用pH计）

步骤：

（1）称量三组不同质量的亚硫酸钠粉末、不同体积的 60% 的硫酸备用。

（2）利用右图的实验装置制取二氧化硫气体。将每次生成的二氧化硫气体通入盛有 200 毫升蒸馏水中的集气瓶中，制取模拟酸雨。反应结束后盖好玻璃片震荡。重复 3 次。

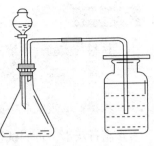

（3）用干净的玻璃棒分别蘸取制得的三种溶液至 pH 试纸，与标准比色卡比较，读取 pH 值，并记录。

讨论：实验有什么现象？为什么溶液的 pH 值不同？

总结：亚硫酸钠与硫酸反应生成的气体是二氧化硫，是酸性物质，溶于水得到的溶液呈酸性。

实验二

酸雨对于建筑、金属材料、动植物的影响

材料：大理石（或鸡蛋壳）、镁条（或锌粒）、刚刚掉落的植物叶子

工具：烧杯、镊子、集气瓶、玻璃片

步骤：

（1）用 3 支试管分别取实验一中得到的 3 种溶液等量。

（2）向 3 支试管中分别加入大理石（或鸡蛋壳）、镁条（或锌粒）、植物叶子，观察现象，并记录。

讨论：大家看到了什么现象？这些现象说明了什么？

总结：酸雨对植物，某些金属及建筑都会产生腐蚀。

实验三

材料：实验一中溶液、石灰水

工具：试管、滴管，石蕊试纸

步骤：取集气瓶中的水溶液约 2 毫升，装入一支试管中，往试管中滴入几滴石灰水，再测试管内液体的 pH 值。

讨论：为了防止酸雨的发生，你认为可以采取哪些措施？

听温老师讲解

酸雨对生态的危害

1. 腐蚀建筑物、公共设施、古迹和金属物质，造成人类经济、财物及文化遗产的损失。

2. 酸雨因 pH 值小于 5.6 以下，造成土壤、岩石中的重金属元素溶解，流入河川或湖泊，严重时使得鱼类大量死亡。

3. 水生植物和以河川酸化水质灌溉的农作物，因累积重金属，将经由食物链进入人体，影响人类的健康。

4. 酸雨会影响农林作物的叶子，同时土壤中的金属元素因被酸雨溶解，造成矿物质大量流失，植物无法获得充足的养分，将枯萎、死亡。

5. 湖泊酸化后，可能使生态系改变，甚至湖中生物死亡，生态系活动因而无法进行，最后变成死湖。

6. 刺激眼睛和皮肤，对人体造成伤害。

汇报成果

现在各国相继出台了严格的大气污染防治法促使大气污染控制技术越

边玩边学化学

来越多地被采用。同时，我们在这里呼吁：

1. 不在公共场所吸烟。

2. 厂房在使用燃气及煤炭时，应该安装脱硫和除尘装置。

3. 购买低硫煤。

化学谜语

25. 鄙人全身色紫红，传热导电有奇功；投入仙水棕烟起，绿水翻滚吾消溶；波涛涌上铁架山，水过山波一片红。（打两个化学反应）

26　走近"加碘盐"

情景导入

这是一个发生在很早以前的一个真实的故事。在一个偏远的小山村，风景秀丽，气候宜人，从来没有外人来到这个人烟稀少的地方，村民们世世代代平静安宁地生活在这里。

终日劳作的人们不经意间发现了自己身上的一些变化。原来是有一些人感觉到脖子有些不舒服，但是医疗知识的欠缺使他们并没有注意起来。后来慢慢地有了不同程度的肿大，有些人开始出现心慌、憋闷、吞咽困难的症状，甚至丧失了劳动能力。人们不禁惊慌起来。于是就有人开始烧香祷告，可是这些并没有起什么作用。消息传到外面，一位医生来到这里为大家义诊。他观察了人们的生活习惯，原来这里的人很少吃海产品，并且很多人图便宜，从集市上购买粗盐吃。这位医生借助一些测评方法很快确定了病因：这里的人们体内缺乏碘元素！他建议人们改吃加碘盐。

求助同伴

同学们看了这个故事，对加碘盐非常感兴趣，没想到我们常吃的加碘盐，还有这么重要的作用，几个同学来到实验室，找到粗盐和加碘盐，它们外观有很大区别，那么它们的组成有什么区别呢？

请教老师

同学们决定请教老师，温老师让大家通过实验来探究这些食用盐到底有什么区别。

实验一

材料：加碘盐、粗盐、不含碘的化学试剂氯化钠（NaCl）

工具：快速碘盐测试瓶

步骤：

（1）取各种盐样品各一小匙，放在白纸上，观察外观，用手摸摸，记录观察结果。

（2）用快速碘盐测试瓶测定其中碘含量，并记录数据。

资料：

某品牌 加碘盐 配料表	NaCl≥98.50%
	水分≤0.50%
	水不溶物≤0.10%
	KIO_3（35±15）毫克/千克（以 I 计）

某品牌不 加碘盐配 料表	NaCl≥98.50%
	水分≤0.50%
	水不溶物≤0.10%

调查：几位同学家里平时做菜用的是什么样的盐？

"只要在炒菜时放加碘盐，我们的身体就能从盐中获取到碘吗？"有同学问。

"这个我还真没注意过，应该是吧。"小川说。

"那我们再用实验来验证一下吧。"温老师说。

实验二

工具：酒精灯、铁架台（带铁圈）、蒸发皿、玻璃棒、药匙、火柴

步骤：

（1）取 10 克已知含碘量较高的加碘盐于一个蒸发皿中。

（2）如图，点燃酒精灯加热，用玻璃棒不断搅拌。

食盐

（3）在加热后 1 分钟、2 分钟、5 分钟、10 分钟分别取出少许的盐于白纸上。

（4）盐冷却后，用快速碘盐测试瓶测定各样品的含碘量，记录结果。（提示：测试出的含碘量是经过换算的。单位是毫克/千克）

（5）在下面的坐标图中画出加热时间与含碘量的关系曲线。

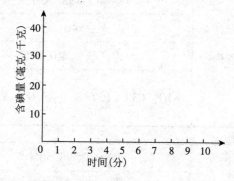

讨论：注意观察，这些数据有什么规律呢？根据上述结果，在日常生活中我们应该怎样如何保存，如何食用加碘盐才更合理？

1. 碘有什么作用？

碘是人类生存不可缺少的一种重要元素，是人体甲状腺制造甲状腺激素的原料，是脑组织正常发育必不可少的营养物质。研究表明，碘缺乏会影响人脑组织正常生长，无论是轻度还是重度碘缺乏，都会影响脑发育，损伤智力。

2. 碘缺乏对人体有哪些危害？摄入过多的碘又会怎样？

碘缺乏的典型特征是甲状腺肿大（大脖子病）。头发变脆、肥胖和血胆固醇增高、甲状腺功能减退。缺碘的孕妇所生的孩子可患有称为侏儒的呆小病，这是一种以甲状腺机能低下、甲状腺肿、智力迟钝和生长迟缓为特征的疾病。成人轻度缺碘将出现疲乏、肌无力、黏液分泌过多的症状。食入过多的碘即日摄入量超过 2000 微克，也有产生甲状腺肿大的潜在危险。

碘是人体必需的"智力元素"，与人脑聪明与否密切相关。

3. 人体碘有哪些来源？

碘缺乏病虽然危害严重，但是完全能通过食用碘盐来预防。我国有严格的碘盐标准，食用合格的碘盐既能满足人体需要，达到防病治病的目的，同时也是安全的。通常我们吃的海带，其含碘量每千克就有 10 毫克。海鱼和紫菜也是日常生活中补碘的较好食品。人体内碘的储存量有限，如果不是天天补充的话，只能维持 3 ~ 5 个月，因此人一生都需要补碘。只要居民碘营养水平有了大幅度提高，就可杜绝地方性克汀病的新患出现。

"看来吃加碘盐太重要了，我建议家中还在吃粗盐的同学马上回家告诉家长换成加碘盐。"悠悠提议。

"对，我们还要告诉妈妈做饭时什么时候加盐最合适。"文文也表示同意。

温老师高兴地笑了，看来今天的实验同学们收获都很多。

汇报成果

我们计划动员同学，在这个学期每周帮父母做一次饭，并告诉父母尽量吃加碘盐。

化学谜语

26. 玻璃身子橡皮头，苗条身子尖尖足，大量收进再零卖，进出都从一个口。(打一化学仪器)

27　自编自演环境戏剧

情景导入

6月5日是每年一度的"世界环境日"，学校要求各班开展主题班会，内容围绕环境保护，提倡同学们从身边的小事做起，爱护环境。形式要求生动活泼。

小川和大家一商量，很快就有了主意。"我们演一场环境剧吧。"
"有一首歌，歌名叫《留给我》，歌词是这样的：

留下太阳吧，给森林；留下森林吧，给小河；留下小河吧，给大海；留下大海吧，给沙漠；留下绿洲吧，给草原；留下草原吧，给牛羊。留下星星，留下晚霞；留下小鱼，留下绿草，留下小鸟，留下鲜花，留给我，留给我和妈妈。"

小川轻轻地哼唱了一遍。"我们用这首歌做背景音乐吧。"

"我们可以一起编排表演一个小话剧，名字就叫《留给我》，大家说怎么样？"同学们在小川的启发下纷纷提出自己的想法。

温老师知道了同学们的想法，非常赞同，给同学们提出了一些建议和要求：

1. 全班分小组活动，每个小组选一位编剧、一位导演，每位同学都要分配角色。

119

2. 编剧负责组织大家选定一个环境问题，根据选题编写短剧。短剧必须符合一定的标准：①开始、中间、结尾要明确；②限制说话的字数（语言要准确、简练）。

3. 编剧负责写出剧本，每个小组要按照剧本中的故事来塑造一个场景。注意：①动作到位、夸张；②说话声音大、吐字清楚。

4. 表演后，所有的小组都来参与讨论，评判演出是否成功。

"我当编剧吧。"小川主动请缨。

第二天，小川就把剧本写好带来了。

第一场：

"在蓝色的大海边住着小鱼幸福的一家，他们自由自在地在大海里游来游去，嬉戏着，唱起了优美的歌。"

"忽然，一阵狂风吹来，吹来了远处洒落的石油，顿时大海变得一片乌黑，刺激的气味呛得小鱼喘不过气来，黏稠的海水让小鱼们寸步难行。鱼妈妈急忙带着小鱼游到岸边，跳进树林边的一块小水洼中。"

第二场：

"在美丽的树林里，开满了五颜六色的小野花，小羊美滋滋地吃着嫩绿的小草，小熊猫、小白兔和小狗正在一起玩耍，它们唱着、跳着，可高兴了。"

"忽然，晴朗的天空黑了起来，下起了大雨。不好，雨水怎么是酸的，原来大气受到了污染，下起了酸雨，小动物们急忙跑到了一间茅草屋里躲避。"

第三场：

"酸雨过后，小草枯萎了，树木凋零了，原来郁郁葱葱、茂密的树林一下子变得光秃秃的，小动物们伤心地哭了起来。"

第四场：

"同学们，行动起来吧，保护我们的地球，保护我们赖以生存的空间，让我们从一点一滴做起，拾起一张废纸，收起一节废电池，节约一滴水，节约一度电，多栽一棵树。把美丽的大自然留给你、留给我、留给亲爱的妈妈。"

"太好了！"大家纷纷赞扬。小川根据大家的建议对剧本做了修改。

"我当导演。"文文的组织能力最强，任务立刻就布置好了。"我们组的角色可以这样分配：（同学们，请根据你们自身的特点选择角色吧。当然，除了解说员以外，每个人都要担当3个角色，这样大家就能轮流上场，轮流换服装了）"

"我们还需要分头准备一些道具。"悠悠说。

班会前，同学们用捡来的大树叶、树枝、笤帚布置出树林、绿草地等场景，另一部分同学围成小圆圈形成一块小洼地场景，还有一部分同学搭出了一个小木屋场景。

汇报成果

班会开始了，佳佳声情并茂地开始朗读解说词，演员们在音乐中陆续登场了。

各个小组的演出都非常精彩，最后大家在温老师的启发下开始进行主题班会的总结。

1. 演出的节目是否符合本次主题班会的主题？

2. 我们对自己的表演满意吗？我们组演出的特色是什么？

3. 在表演的过程中的，我们从其他的同学身上学到了什么？其他组的演出最精彩之处是什么？

4. 通过这次主题班会，我们对于环境保护的认识有了哪些提高？通过表演我们增进了对哪些方面的环境问题的理解？

5.（其他）

资料卡

一些环境戏剧节目简介

1. 童话剧《地球病了》

内容简介：月亮陪着地球到太阳处述说吞食垃圾的痛苦。月亮和太阳帮着地球想办法治病，学生向地球道歉承认乱扔垃圾的不对，并提出了减少垃圾的投放，将垃圾分类回收的建议，地球得救了。

人物：地球、太阳、月亮、学生

2. 小品《死树之谜》

内容简介：昨天还枝繁叶茂的大树，今天却叶黄枯萎，大树得了什么病呢？通过短剧《死树之谜》的表演，揭露了一些不法分子用卑鄙的手段害死大树以达到个人或"小集体"利益的目的。

人物：树、多名学生、老师、园林局工作人员、砍树人

3. 舞蹈《一个真实的故事》

内容简介：走过那条小河，你可曾听说？有一位女孩，她曾经来过；走过这片芦苇坡，你可曾听说？有一位女孩她留下一首歌。为何

片片白云悄悄落泪，为何阵阵风儿轻声诉说。还有一群丹顶鹤轻轻地飞过……

歌中所表现的主人公就是徐秀娟——我国第一位养鹤姑娘，也是第一位因保护珍禽而献身的烈士，世人都称她为仙鹤姐姐。

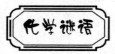

27. 大洋干涸气上升。（打一化学元素）

28 邮票背面的化学

"过几天就是母亲节了，小文你打算送给你的妈妈什么礼物呢？"小佳问。

"我想给妈妈写封信，她最近总是因为我的学习发愁，我想和她说说心里话。你看怎么样？"小文的妈妈在外地出差，要两个月以后才能回来。

"真是个好点子，我最近也有一些心里话想和妈妈说，我们今天写完，明天一起去邮局寄信！"小佳的妈妈和小文的妈妈是一个单位的，这次一起出差了。

"好的！"小文说。

第二天放学，小文、小佳带着写好的信，到了邮局选了自己喜欢的邮票。只见小文将邮票对在嘴上用气一呵，顺手就将邮票贴到了信封上。

"你不用胶水也可以把邮票粘贴到信封上，可真神了！"小佳惊奇地说道。

"一看你就很少到邮局寄信！快点吧！"小文说。

小佳也效仿小文把邮票贴好，一起把信送入信筒中。

"呵气为什么能将邮票粘到信封上呢？"小佳问小文。

"我也不清楚，要不我们再买几张，回去研究一下！"说着小佳和小文又跑到邮局的柜台买了几张大小不同的邮票。

到了小文家，她们赶紧打电话叫来了小悠和小川，四个人一起研究起来。

"呵气居然能将邮票粘到信封上！不信你们看。"说着小佳拿出一小枚邮票给大家演示了一番。

"可能是邮票上有什么物质，遇到呵气就能像胶水一样有黏性了。"小川说着也拿起了另一枚邮票向背面呵气，然后用手轻轻地摸了摸，还真是黏黏的。

小悠也赶紧用手摸了一下，果真感觉很黏。

"邮票背面的胶状物到底是什么，你们知道么？"小文问道。

"不清楚，要不我们问问老师吧！"大家说。

温老师耐心地听完他们的讲述，笑了笑说："大家非常善于发现并提出问题！下面大家就先做个实验吧。"

实验一

淀粉、糊精与碘的反应

材料：纪念邮票（4~5张）、面粉、淀粉、糊精

工具：150毫升烧杯（3个）、托盘天平、量筒、玻璃棒、铁架台、铁圈、石棉网、酒精、蒸馏水、碘水

步骤：

（1）在一只150毫升的烧杯中，放入0.5克淀粉，注入100毫升蒸

馏水。

（2）在另一只 150 毫升的烧杯中，放入 0.5 克糊精，注入 100 毫升蒸馏水。

（3）把两烧杯放在石棉网上分别用酒精灯加热，并不时用玻璃棒搅拌直到沸腾，制成浑浊的淀粉溶液和无色透明的糊精溶液。

（4）待两烧杯中的溶液冷却后，用胶头滴管从分别吸取 2 毫升的淀粉溶液和 2 毫升的糊精溶液加到两支试管中。

（5）在试管中各滴入 1～2 滴碘水，观察现象并记录。

讨论：为什么滴了碘水后会出现这样的现象呢？

实验二

邮票背面物质与碘的反应

材料：纪念邮票

工具：150 毫升烧杯（3 个）

步骤：

（1）取纪念邮票放入 150 毫升的烧杯中。

（2）在烧杯中注入蒸馏水，使邮票浸没在水中。

（3）把烧杯放在石棉网上用酒精灯加热，边加热边用玻璃棒在邮票背面反复搅动，一直到沸腾为止，制成邮票的浸渍液。

（4）待烧杯中的溶液冷却后，用胶头滴管吸取 2 毫升邮票浸渍液与一支试管中，在试管中滴入 1～2 滴碘水（碘水的量是否应与实验一相同），如果现象不明显，可再加入 1～2 滴，观察现象并记录。

注意事项：实验中所用的纪念邮票最好是没有使用过的，如没有纪念邮票，普通邮票也可代用，但效果会差。

讨论：

1. 通过邮票背面物质的研究，你知道了哪种研究方法？

2. 通过参考温老师提供的资料，分析讨论以下问题：

邮票背面的黏胶为什么通常用糊精，而不用淀粉呢？用糊精作胶黏剂有什么特点呢？

3. 自己设计一个小实验，实验内容：用面粉在沸水中调成糨糊做胶黏剂。

实验当中应当注意以下几点：

（1）如何检验实验过程中产生的淀粉和糊精。

（2）在制作时我们是否可将较少量的面粉放在沸水中，用玻璃棒搅拌并煮沸一段时间，从而提高浆糊的质量呢？

（3）实验使用同样的水（100毫升）与不同质量（1克、2克、3克、4克等）的面粉制成糨糊的黏性，用实验证明二者的最佳配比，分析原因。

4. 如果你收到一封信，信上粘有你非常喜欢的邮票，在一点也不损坏它的前提下，你一般用什么方法取它？分析其中的科学道理。

听温老师讲解

1. 糊精的来源是淀粉。淀粉在受到加热、酸或淀粉酶的作用下，其分子发生分解。淀粉的大分子首先会转化成小分子的中间物质——糊精，糊精易溶于热水，有较好黏性。在邮票的背面，人们涂有白色胶状的糊精等物质。

2. 淀粉和糊精都与碘反应，但前者遇碘呈蓝色，后者遇碘呈紫色或红色，这是区别它们的方法。

3. 干糊精是一种黄白色的粉末，它不溶于酒精和乙醚，而易溶于水。

糊精溶解在水中具有很强的黏性，可用于制药片、纸张和印刷油墨以及纺织上的浆、胶水的配制等。

4. 生产上通常把淀粉质原料在高温高压下进行蒸煮，使淀粉细胞彻底破裂，淀粉由颗粒状态变为液糊状糊精的过程就叫做原料的糊化。

汇报成果

继续调查身边还有哪些东西使用了糊胶，写出一份生活小提示并在社区或家庭中做宣传。

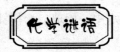

28. 取而代之。（打一化学反应名称）

29 检测物质的酸碱性

情景导入

夏天到了，为了全家的健康，妈妈决定把厨房打扫一下。

家里的抽油烟机经过长时间的使用，满是油污，一看就知道很难处理。只见妈妈拿着厨房清洁剂对准油污喷了几次，稍待片刻，用抹布一擦就干净了。太神奇了！奇怪的是，妈妈只让小文把厨房其他地方打扫干净，不让他碰那瓶厨房清洁剂。

终于和妈妈一起将厨房打扫干净，小文发现妈妈的手皱皱的，而自己的手却没事。这是为什么呢？

妈妈笑了笑说："这是因为我用的厨房清洁剂把手'烧'的。"

为什么厨房清洁剂会"烧手"呢？

小文打电话问了其他同学，原来他们在生活中也遇见过类似的事。他们相约向老师请教。

请教老师

温老师听完他们的讲述，先让他们查阅资料解决以下问题。

1. pH 试纸是什么？

2. 如果改变植物适合生活的酸碱条件，会有什么后果？

3. 人体适宜的酸碱条件是什么？

实验一

物质酸碱性检测

材料：水果、蔬菜、饮料、洗衣粉、香皂、洗涤剂、自来水、茶水、洗面奶、花盆中的土壤、鱼缸中的水等任何你想知道其酸碱性的物质

用具：pH 试纸、玻璃棒、铁片、铜片、陶瓷、塑料等

步骤：

（1）将水果、蔬菜等榨出汁液，用玻璃棒蘸取少量液体于 pH 试纸上，与标准比色卡对比，检测其酸碱度并记录。

（2）洗涤剂、醋、酱油、茶水等有色液体用活性炭吸附得到清液后待用。

（3）洗衣粉、香皂、花盆中的土壤等固体，用中性而洁净的水溶解成液体，用活性炭吸附得到清液待用。

（4）取少量上述液体于试管中（每种液体一只试管，不能混放），用玻璃棒蘸取少量液体于 pH 试纸上，与标准比色卡对比，检测其酸碱度并记录。（温馨提示：玻璃棒蘸取一种液体后要洗净、擦干，防止污染或稀释下一种液体。）

小资料

pH 值在 0~7 的物质显酸性，数值越小，酸性越强；pH 值 =7 的物质呈中性；pH 值在 7~14 的物质显碱性，数值越大，碱性越强。

根据检测结果分析：

（1）为了身体健康，应该多喝什么饮料？

（2）不同的身体状况下，适合吃的蔬菜或水果一样吗？请举例说明。

（3）哪种特点的洗衣粉和洗涤剂不伤手？请在超市里找到两种。

（4）要使自家的盆花生长得好，现在土壤的酸碱度是否合适？

实验二

寻找抗酸碱的物质

材料：从上面已经测过的物质中选出酸性和碱性最强的两种物质、铁片、铜片、头发、纯毛毛线、陶瓷、塑料、瓷砖（地砖、墙砖均可）等物质

用具：小刷子

步骤：

（1）将铁片、铜片、头发、纯毛毛线、陶瓷、塑料、瓷砖等物质平放于实验台桌面上，用小刷子将实验一中测出的酸性最强的物质的汁均匀地涂抹在各物质表面。

（2）放置3天，观察出现的变化。在这3天要定时观察，比如才早八点到晚八点每隔3小时等。记录出现变化的时间和现象，也就是记录经过多长时间出现了明显的变化。

（3）用实验一中测出的碱性最强的物质重复上述步骤1～2，记录出现变化的时间和现象。

讨论：

（1）根据检测结果讨论哪些物质具有抗酸性，哪些物质具有抗碱性，什么物质既具有抗酸性又具有抗碱性？

（2）用你学到的知识分析生活中的一些腐蚀现象，讨论如何避免由于酸碱腐蚀造成的物品损害、皮肤的损害等。

在我们日常生活中，酸碱性的问题常常被我们忽视。不论是饮食，还是洗涤衣物方面都应该考虑这个问题。例如番茄果肉酸甜可口，风味独具，既可作蔬菜，又可当水果，可以用来治疗牙龈出血、消化不良、食欲不振、口疮等小伤小病。它有很高的营养价值，尤其是维生素 C 的含量较高。平均每 500 克番茄中含有维生素 C 52 毫克，大致相当于 1250 克苹果、1500 克香蕉、2200 克梨的含量。尤其难得的是番茄在烹调时，维生素 C 的破坏较少。这恰恰是因为番茄带有酸性，有保护维生素 C 的作用。

如果忽视物质的酸碱性不同这个问题，就可能影响我们的健康、减少物品的使用寿命，造成不必要的浪费和损失，特别是目前的酸雨问题，已经严重影响到城市建筑、植物的生长、土壤的肥力等。很多古建筑由于酸雨的腐蚀造成严重损害，植物的叶片受到腐蚀而枯萎，甚至出现死亡。

汇报成果

我们计划出一期黑板报，在饮食、洗涤、储存物品、种植花卉等方面就如何注意物质的酸碱性问题给同学们提出建议。

29. 似雪没有雪花，叫冰没有冰碴，无冰可以制冷，细菌休想安家。（打一化学物质）

30　常见食醋中醋酸含量的测定

情景导入

　　星期天，小川和妈妈来到超市，妈妈准备买点醋回家做菜。来到卖醋的货架前，琳琅满目的醋让人眼花缭乱，各种包装、各种规格和口味的醋应有尽有。妈妈随手拿起家里常买的一种醋，小川看了看包装上的说明，他看到说明中有这样一项：总酸≥5.00 克/100 毫升。而另一种上写着：总酸≥3.5 克/100 毫升。这是怎么回事呢？数据是怎么测出来的呢？

　　妈妈告诉小川她只知道这是醋中酸的含量，但具体的她也不太清楚。

请教老师

　　第二天小川向温老师请教这个问题，温老师让几个同学分别准备一种醋，带到学校，准备用实验来解释小川的疑问。

　　需要解决的问题：食醋的主要成分是什么？

实验一

比较各种醋的酸性

　　材料：白色的点滴板（如果没有点滴板，可以用小试管）、石蕊、一种白醋

步骤：

（1）在点滴板上滴 2 滴白醋，观察颜色并记录。

（2）在白醋中滴入一滴石蕊，观察颜色变化并记录。

温老师："各种醋的主要成分都是醋酸，显酸性。"

佳佳问："各种醋中醋酸的含量是多少呢？"

小川说："我们可以用前边学过的酸碱中和反应来测定醋酸的含量，再一算，就能知道各种醋中醋酸的含量。"

温老师说："同学们说得都很对。"

实验二

粗略测量醋中酸性物质的含量

材料：几种品牌的醋、0.1 摩/升氢氧化钠（NaOH）溶液（或 0.5% 的氢氧化钠溶液，溶液浓度尽量稀一些）、酚酞、蒸馏水、玻璃棒、50 毫升小烧杯、有刻度的小型吸管

注意：

NaOH 有腐蚀性，防止沾染到衣服或皮肤上，如不慎沾到，立即用大量的清水冲洗，并及时告知老师。

步骤：

（1）处理醋样品：取三种醋适量（约 50 毫升），分别倒入洁净干燥的大烧杯中，加入适量活性炭，经玻璃棒充分搅拌后进行过滤，得到较澄清、成色较未经处理前浅许多的试液，并编号。

（2）取第一种品牌的醋 20 毫升于 50 毫升小烧杯中，向其中加入一滴酚酞指示剂。

（3）将小烧杯放在一张白纸上（便于观察颜色变化）。

（4）用洁净的吸管吸取并滴加氢氧化钠溶液。边滴边用玻璃棒搅拌。等浅粉红色的溶液在30秒内不变时，记录氢氧化钠溶液的滴数。

（5）重复实验2次。

（6）取其他各品牌的醋重复步骤1~5，记录滴入的氢氧化钠溶液的滴数。

讨论：

（1）我们测定的各种醋中酸的含量多少与瓶上的标签相符吗？

（2）你认为怎样让测定的数据更准确一些？你有什么方法来改进实验操作吗？把你的想法写下来吧。

听温老师讲解

食醋中的酸性物质主要是醋酸，可以用酸碱中和反应原理，以已知浓度的氢氧化钠溶液进行中和滴定。反应方程式为：$CH_3COOH + NaOH =\!=\!= CH_3COONa + H_2O$。根据公式 $C_{酸} \cdot V_{酸} = C_{碱} \cdot V_{碱}$，所以 $C_{酸} = （C_{碱} \cdot V_{碱}）/V_{酸}$，然后计算醋酸的浓度 $= C_{酸} \cdot M（HAc）$ 即可。

"看来不同品种的醋，醋酸的含量也不同。"小川说。

酸甜苦辣麻，唯有酸味最长久。这话不假，说起醋，就会使人回忆起一些美妙的享受。凉拌小菜中加醋拌和会使你食之有味，生津不止。烹制鱼香肉丝、糖醋排骨，加上醋色香味俱增，令你食欲大振，胃口常开。一瓶陈年老醋会使家庭的节日筵席增色不少。

民间一直流传着"杜康造酒儿造醋"之传说。相传杜康之子黑塔，率族移居江苏镇江一带，随后在江边设了一家糟坊，引江水浸泡酒糟，时值暑伏，他恹恹入梦，醒来，按梦中所记，过21天后揭盖，果然清气扑鼻，酸中带甜。黑塔就用"廿一日"加了一个"西"字，称这种酸水为

"醋"。这就是醋的来历。

小资料

我是醋，大家都认识我吧，我是人们日常生活中不可缺少的调味品，适量地食用食醋，有益于人体健康。另外我还可以美容哪，比如洗完头发后，在水中加一点醋，可以让头发有光泽。醋酸能够杀灭细菌和溶解食物中的钙、铁、磷等有机物，使人容易吸收。我的家族，有很多兄弟姐妹，如：白醋、陈醋、糯米甜醋、自制家醋等。

汇报成果

了解醋文化以及有关醋的轶闻趣事。

化学谜语

30. 大哥平易近人，表面明朗似镜；二哥喜欢高温，常在空间飞腾；三弟生在冬天，性情比较生硬；虽然性格不同，但是属一家人。（一物三态）

31 抗击非典的明星——过氧乙酸

情景导入

　　2003 年春夏之际，为了阻止可怕的 SARS 疫情蔓延，在不了解病毒来源和确切传播途径的情况下，市民纷纷上街购买各类消毒液进行自我防护。一时间，过氧乙酸成为抢手消毒剂。一些办公、娱乐、购物等场所及家庭居室都在使用这种消毒剂进行消毒，重点地区有近 90% 的市民家庭使用过氧乙酸进行环境消毒。他们有的放在小碗里做空气熏蒸，有的用它擦拭物品，人们同时忍受一种带有刺激性的酸性气味。紧接着报纸报道出有人误食消毒液引起中毒，有人由于过氧乙酸使用不当引起眼睛红肿、嗓子发炎，也有人由于不了解过氧乙酸的性质，在使用中造成家用电器的毁坏。

　　虽然"非典"已经过去几年了，但小川还记得当时妈妈天天消毒的情景。看着这些关于当时用的消毒剂——过氧乙酸的介绍，小川不由得想到：过氧乙酸是什么？它的性质如何？妈妈当时使用时，有没有对妈妈造成危害？在使用中为什么会毁坏家用电器？应如何安全使用？

求助同伴

　　"你知道吗？"小川打电话给好朋友佳佳问了上述问题。

"不知道。妈妈从来不让我动家里的消毒液。我们还是去问问老师吧。"

"老师，过氧乙酸是不是酸的呀？它的名字里边有一个'酸'字。"一见面，几个人就七嘴八舌地问开了。

温老师听他们问了一连串问题，笑了。一口气介绍了很多关于过氧乙酸的情况：

"过氧乙酸能溶于水、醇、醚、硫酸，是强氧化剂，极不稳定，在 $-20℃$ 也会爆炸，浓度大于 45% 就有爆炸性，遇高热、还原剂或有金属离子存在就会引起爆炸。一般商品为 40% 浓度的溶液，存放过程中也会逐渐分解放出氧气，加热到 $110℃$ 时即爆炸。剧毒！对皮肤有强烈刺激。"

"过氧乙酸主要用作纸张、石蜡、木材、织物、油脂、淀粉的漂白剂。医药工业用作饮水、食品和防止传染病的消毒剂。有机工业用作制造环氧丙烷、甘油、己内酰胺的氧化剂和环氧化剂。塑料工业用于制造环氧树脂和增塑剂。分析化学中用作化学试剂。此外，还可用作防腐剂等。"

一串名词听得几个人直发愣！

"既然你们注意到了这个'酸'字，那你们还记不记得以前做过的实验中哪些物质能和带'酸'字的物质反应？"

"好多金属片都能。"

"那我们就先看看过氧乙酸能不能腐蚀金属吧。"

实验一

过氧乙酸对金属的腐蚀

材料：镁条、铁片、铝片、铜片、20%的过氧乙酸溶液

用具：烧杯、量筒、砂纸、天平、镊子、剪子

步骤：

（1）佩戴口罩、护目镜、橡胶手套（最好能穿着专门的实验服）。

（2）配制不同浓度的过氧乙酸溶液：0.1%、0.5%、1.0%、1.5%、2.0%，备用（粗略配制的方法：先配制2.0的过氧乙酸溶液，用塑料瓶将20%的过氧乙酸溶液稀释10倍，得到2.0%的溶液；取1/2该溶液，稀释1倍，得到1.0%的溶液；以此方法类推得到其他浓度的溶液）。

（3）剪一段6厘米长的镁条，表面用砂纸打光，称量质量 m_1，备用。

（4）在天平上称量金属铁、铝、铜片各1克，备用（尽量选薄的金属片）。

（5）在4个烧杯中分别倒入20毫升不同浓度的过氧乙酸溶液，将镁条置于其中，记录反应时间和实验现象（至个烧杯中的镁条反应完结束）。

（6）用镊子取出其他3个烧杯中的镁条，用水冲净、擦干、称量质量 m_2，计算消耗的镁条质量比，即 m_2 与 m_1 之比，换算成百分数。

（7）将镁条换成铝片、铁片铜片，分别重复上述步骤 2~6。

（8）设计实验记录表格，填写数据，并用柱状图或其他图形表示金属的消耗，使实验表中的数据一目了然。

下图是一个示例，供大家绘图时参考。

抗击非典的明星——过氧乙酸

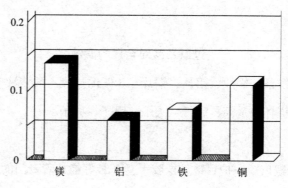

实验小结：

（1）过氧乙酸对金属是否有腐蚀性？

（2）过氧乙酸的浓度与腐蚀性有什么关系？

（3）从这个实验我们应该知道使用过氧乙酸时应该用什么容器来承装？

"看来过氧乙酸对金属有腐蚀性。那我妈妈当时天天用它消毒，会不会对身体产生影响呢？"小川说。

"对呀，刚才您还介绍说它对皮肤有强烈刺激呢！"小文也有同样的疑问。

"下面我们做一些过氧乙酸对生物体影响的实验吧。"温老师又开始指导大家进行实验。

实验二

过氧乙酸对植物的影响

材料：20%的过氧乙酸溶液，辣椒、芦荟、矮牵牛花等各6盆

用具：量筒

步骤：

（1）佩戴口罩、护目镜、橡胶手套（最好能穿着专门的实验服）。

（2）配制不同浓度的过氧乙酸溶液：0.1%、0.5%、1.0%、1.5%、2.0%，备用（实验一配制的溶液若有剩余，可以继续使用）。

（3）每天用30毫升不同浓度的过氧乙酸溶液浇辣椒各一次，一盆辣椒浇水作为对比（6盆辣椒最好相互间隔一段距离放置）。

（4）每天观察，记录辣椒的变化。观察的时间越长越好。

（5）将辣椒换成芦荟、矮牵牛花等常见植物，重复步骤3、4，记录下来。

实验小结：

（1）过氧乙酸对植物的正常生长是否有影响？

（2）过氧乙酸的浓度与植物的正常生长有什么关系？

实验三

过氧乙酸对动物的影响

材料：20%的过氧乙酸溶液、泥鳅、金鱼、孔雀鱼、斗鱼

用具：量筒

步骤：

（1）佩戴口罩、护目镜、橡胶手套（最好能穿着专门的实验服）。

（2）配制不同浓度的过氧乙酸溶液：0.1%、0.5%、1.0%、1.5%、2.0%，备用（上述实验若有剩余，可以继续使用）。

（3）在不同浓度的过氧乙酸溶液放入泥鳅各2条，在一盆水中放入2条泥鳅作为对比（6盆泥鳅最好相互间隔一段距离放置）。

（4）每天观察，记录泥鳅的变化，更换溶液和水。观察的时间越长越好。

（5）将泥鳅换成金鱼、孔雀鱼、斗鱼等常见水生生物，重复步骤3、

4，并记录。

（6）如果有可能，请生物老师对泥鳅等动物进行解剖。观察动物的口腔黏膜、腮黏膜是否受到损害，如有损害，请教老师，能否复原？

讨论：

（1）过氧乙酸对动物的正常活动是否有影响？

（2）过氧乙酸的浓度与动物的表现有什么关系？

"看来过氧乙酸虽然帮助我们抗拒了'非典'，但对于我们也有伤害呀！"小文说。

"以后还有可能爆发流行病，我们应该让大家知道在使用时要注意自我保护。"小悠说。

"还要知道如何正确使用过氧乙酸。"温老师补充道。

汇报成果

我们将出一期专题板报，让大家了解过氧乙酸。

化学谜语

31. 一个软来一个硬，两个结成一家人，不怕酸来不怕碱，烈火烧来只等闲。（打一化学物质）

32 让人又爱又恨的消毒液

情景导入

小川的奶奶来小川家住了一段时间，看到小川妈妈工作忙，老人闲不住，常常帮小川的妈妈做家务。一天，奶奶在帮妈妈洗衣服时，衣服领子怎么洗也洗不干净，心想："消毒液都能杀死细菌、病毒，肯定能去污渍。"于是奶奶就在衣领上倒了些消毒液。等到衣服晾干了，却发现原先红色的衣领变成了白色，用力扯衣领，衣领上还出现了小洞。

看来，消毒液虽然能帮助人们杀菌，维护人们的健康，但如果使用不当，也会闯不少祸呢。小川决定要研究一下常见消毒液的性质和正确的使用方法，让奶奶和周围的人正确使用消毒液。

求助同伴

小川把自己的想法说给文文、佳佳、悠悠听。他们对消毒液的了解也很少。

"感觉上，消毒液应该是医院里必备的试剂，家庭中哪些东西属于消毒剂呢？我用过的很少，不了解消毒液。可能大家对消毒剂也缺乏一定的认识。"悠悠说。

"那我们就先去了解常用消毒液有哪些，各种消毒液有什么作用吧。"

小川提议道。

"好，我们还要看看各种消毒液的使用说明。"文文提出了自己的看法。

"要是明白了说明中的原理，更有助于我们正确使用消毒液。"佳佳补充说。

四位同学说干就干。

开展调查

1. 去超市调查一下常用的家用消毒液名称、主要成分及使用说明。

2. 调查所在社区家庭中所使用的消毒液及使用的消毒液的名称、主要成分及使用说明。

3. 在社区家庭调查中抽取一部分消毒液样品留作实验用。

实验一

材料：家用消毒液样品、厕所清洁剂、厨房清洁剂

用具：玻璃棒、pH 试纸、标准比色卡

步骤：

（1）将家用消毒液样品编号；

（2）用玻璃棒分别蘸取样品于 pH 试纸上；

（3）将试纸显示的颜色与标准比色卡对照，得出被测样品的 pH 值。

讨论：为什么 84 消毒液和厕所清洁剂不能混合使用？

佳佳认为 84 消毒液呈碱性，厕所清洁剂呈酸性，二者混合使用会发生化学反应，降低消毒和清洁效果。

"二者混合会不会产生有毒有害的物质呢？"小川不解地问。

温老师听完大家的讨论，又让他们做了一个实验。

实验二

材料：84消毒液（约含5%次氯酸钠）、厕所清洁剂、紫色石蕊溶液、0.05摩/升碘化钾溶液（含淀粉）、硫酸亚铁（$FeSO_4$，（含硫氰化钾KSCN）溶液、5%氢氧化钠（NaOH）溶液

用具：玻璃片、表面皿、胶头滴管、棉花

步骤：

（1）将干燥、洁净的玻璃片放一较大的玻璃片上，在小玻璃片的四周围一圈浸过稀氢氧化钠溶液的棉花条（实验时将表面皿正好盖在棉花条上）。

（2）各种溶液及其用量按图32-1所示分别滴加到小玻璃片中的相应位置。然后在玻璃片中央滴加"84消毒液"和厕所清洁剂，并立即盖上表面皿。

（3）1分钟后观察表面皿内各液体的变化。

（**注意**："84消毒液"的液滴和雾气都会刺激和伤害眼睛，使用时需小心；氯气也是有毒气体，尽量少吸入。建议整个实验都在通风橱内进行操作。）

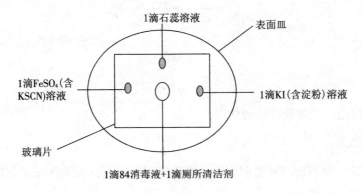

1滴石蕊溶液　　表面皿

1滴$FeSO_4$（含KSCN）溶液　　1滴KI（含淀粉）溶液

玻璃片

1滴84消毒液+1滴厕所清洁剂

图 32-1

想一想：为什么会出现这些现象？

实验三

材料：84 消毒液（约含 5% 次氯酸钠）、红布条、鲜苹果片、鸡蛋白、水

用具：玻璃片、表面皿、胶头滴管、棉花、玻璃棒、量筒、烧杯

步骤：

（1）用量筒量取 500 毫升的水于一只烧杯中，再量取 1 毫升的 84 消毒液倒入水中，搅拌均匀。

（2）将湿润的红布条、苹果片、鸡蛋白放在玻璃片上，然后在三种物质不同位置上各滴 1 滴 84 消毒液原液和稀释后的溶液，盖上表面皿（如图 32-2）。

（3）观察三者变化。（建议整个实验都在通风橱内进行操作）

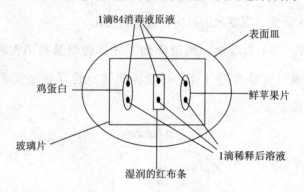

图 32-2

讨论：消毒液应如何使用？

总结：

（1）使用消毒液之前应认真阅读使用说明书，按操作要求使用，消毒液浓度须严格配比。

（2）消毒液应单独使用，不能和其他洗涤剂混合使用。

洁厕灵是酸性洗涤剂，主要成分是盐酸（HCl）；84 消毒液是碱性试剂，主要成分是次氯酸钠（NaClO）；二者混合，产生氯气（Cl_2）。此反应生成的氯气迅速扩散到表面皿中的其他液滴里进行反应，立即就能观察到各液滴的颜色发生变化，例如：

氯气与硫酸亚铁溶液反应生成铁离子（Fe^{3+}），铁离子遇到硫氰化钾显红色；

氯气与碘化钾溶液产生碘（I_2），碘遇到淀粉显蓝色。

氯气还可以与水反应：产生酸使石蕊先变红，后在某种生成物的作用下漂白褪色。

氯气是有毒气体，易挥发，如果中毒了，轻者可能引起咳嗽、胸闷等，重者可能出现呼吸困难。

常见消毒液

消毒剂是指用于杀灭传播媒介上的微生物，使其达到消毒或灭菌要求的制剂，它不同于抗生素，它在防病中的主要作用是将病原微生物消灭于人体之外，切断病毒的传播途。

家庭清洁应以除尘为首要措施，只有当家有病人或患传染病的客人来访后及传染病高发期，才有必要对物品表面进行消毒。这时，消毒液最好选择较温和的种类。家用消毒剂应符合杀菌作用强、化学稳定性好、毒性低、对物品腐蚀性小、无异味、保存方便的要求。

在配比浓度时参照使用说明，不要盲目追求高浓度，宁可稍低一点；对于衣物和餐具来说，消毒后要冲洗彻底，避免化学成分残留；市场上有

32 让人又爱又恨的消毒液

147

分别针对衣物、餐具和洁具的消毒液产品，它们的配方和配比浓度各不相同，消毒时，最不好要超出其使用范围。

常见的消毒剂有：

种类	作用	使用及注意事项
医用酒精	70%～80%的医用酒精可杀灭结核杆菌、乙型肝炎病毒及各种细菌繁殖体	由于它易挥发，所以应注意有足够的作用时间（5～10分钟）。由于它受有机物的影响比较大，应在被消毒物品擦洗干净后使用酒精。采用浸泡法消毒时，容器应加盖
碘伏	0.3%～0.5%的碘伏可杀灭结核杆菌、真菌、乙型肝炎等病毒及各种细菌繁殖体。除了具有杀菌和灭活病毒的作用，还具有清洗作用，尤其适合于手、皮肤和各种织物的消毒	在进行织物消毒时，可将0.5%的碘伏溶液按1:50的比例进行稀释后浸泡织物，作用20分钟后用清水冲洗干净。在进行手和皮肤的消毒时，可用0.3%的碘伏涂于手或皮肤，作用3～5分钟之后用清水冲洗

边玩边学化学

种类	作用	使用及注意事项
含氯消毒剂 （如84消毒液） 	在某些疾病的病原微生物，如甲型肝炎、柯萨奇病毒病流行期间，或处理结核病人住所各种物体表面时，需临时选含氯消毒剂	1. 84消毒液有一定的刺激性与腐蚀性，必须稀释以后才能使用。一般稀释浓度为0.2%～0.5%，即1000毫升水里面放2～5毫升84消毒液。浸泡时间为10～30分钟。被消毒物品应该全部浸没在水中，消毒以后应该用清水冲洗干净后才能使用 2. 84消毒液的漂白作用与腐蚀性较强，最好不要用于衣物的消毒，必须使用时浓度要低，浸泡的时间不要太长 3. 不要把84消毒液与其他洗涤剂或消毒液混合使用
洗必泰和新洁尔灭	0.5%洗必泰或0.5%新洁尔灭溶液可杀灭细菌繁殖体（除结核杆菌外）。主要用于皮肤和黏膜消毒，也用于各种物品表面的消毒	使用时可取原液加水稀释成0.1%～0.2%的液体，擦拭或浸泡消毒3～5分钟

种类	作用	使用及注意事项
过氧化物类消毒液（如过氧乙酸）	系广谱、速效、高效灭菌剂，本品是强氧化剂，可以杀灭一切微生物，对病毒、细菌、真菌及芽孢均能迅速杀灭，可广泛应用于各种器具及环境消毒。0.2%溶液接触10分钟基本可达到灭菌目的。用于空气、环境消毒、预防消毒	1. 洗手以0.2%～0.5%溶液浸2分钟 2. 塑料、玻璃制品以0.2%溶液浸2小时 3. 地面、家具等以0.5%溶液喷雾。不可直接用手接触，配制溶液时应佩戴橡胶手套，防止药液溅到皮肤上。如药液不慎溅入眼中或皮肤上，应立即用大量清水冲洗

汇报成果

我们计划动员同学向自己的父母、亲戚朋友宣传消毒液的正确使用方法。

化学谜语

32. 生来刚直不曲，不怕碰破头皮，为了光明温暖，宁愿牺牲自己。（打一化学物质）

33　区别有毒塑料

情景导入

　　放学了，小川感觉有些饿，就到路边的小吃店里花几毛零用钱买了两串麻辣烫，边走边吃，麻麻的、辣辣的、香香的，感觉真是好吃极了。在小吃店里，小川发现几个大人坐在店里，要了一大锅麻辣烫，有滋有味地吃着，他们用的碗上竟然都裹了一个塑料袋。很明显，老板这样做可以不用刷碗，只换塑料袋就可以了，省去了刷碗的环节，节省了刷碗用水和人力，老板方便了，顾客怎样呢？再看看从沸腾的汤锅中捞出的各种食物，热气腾腾的、油乎乎的，与塑料袋接触，会不会烫坏薄薄的塑料袋呢？塑料袋有没有毒呢？在高温下塑料袋会不会产生有毒的物质呢？

路边的麻辣烫摊位

回到家，小川赶紧给文文打了电话，文文叫来了佳佳和悠悠，四个人一起研究起来。

"塑料袋没有毒，超市里都用塑料袋装食品。"文文说。

"电视上说有的塑料是有毒的。"佳佳补充说。

"哪种塑料有毒呢？"悠悠反问道。

"超市里供应的塑料袋都是白色的，应该是没毒的；而有颜色的塑料袋是有毒的。包装食品的塑料袋是没有毒的。"文文肯定地说。

小川、佳佳、悠悠对文文的观点持不同意见。

四位同学决定请教老师。

请教老师

温老师听完他们的讲述，先让他们收集身边常见的塑料，然后做以下实验。

实验一

材料：选择一些身边常见的塑料样品（如装食品的塑料袋、装衣服的塑料袋）、剪刀、尺子、镊子、烧杯、火柴、酒精灯、石棉网、三脚架

步骤：

（1）观察塑料样品是否有塑料种类标志及食品塑料包装袋"QS"标志，是否有颜色，扇闻是否有刺激性气味，手摸时是否有润滑感还是手感发黏、发涩。

（2）将收集到的塑料样品各取2厘米×2厘米大小3块（取其中两块

边玩边学化学

做实验），将各种塑料各取将各种塑料各取一块放入盛有适量水的烧杯中，观察哪一种比较容易漂浮在水面上，从而判断塑料的种类。若各种样品都能漂浮在水面上，则将烧杯中的水加热至沸腾，再根据塑料变软的程度进行判断。

（3）用镊子夹持塑料样品在酒精灯上加热，观察样品燃烧情况（此实验应该在通风橱中进行，以免中毒）并记录。

讨论：

（1）常见塑料有哪几种？标志是什么？分别具有怎样的性质？

（2）调查附近商场、农贸市场等卖食品地方是否使用厚度小于 0.025 毫米的塑料袋，是否免费提供塑料购物袋？食品售货员是否清楚塑料袋有毒？

（3）调查所在地区超市里的塑料容器制品的种类、是否有代号或标志，了解其用途。

总结：

（1）购物时尽量用布袋，减少塑料袋使用。

（2）使用塑料制品时，应了解和认识各种塑料的基本性质。

（3）会区分食品和非食品塑料袋。虽然塑料食品包装袋是安全的，但在使用中也要注意方法。

塑料的功与过

1902 年 10 月 24 日，奥地利科学家马克斯·舒施尼发明了塑料袋，这种包装物既轻便又结实，在当时无异于一场科技革命，人们外出购物时顿感一身轻松，不需要携带任何东西，因为商店、菜场都备有免费的塑料袋。一时间，小小塑料袋甚至赢得了"20世纪最伟大发明"的美誉。可舒施尼做梦也没想到他的这项发明100年后给人类带来了环保灾难。在塑料袋百岁生日之际，既没有欢快的赞歌，也没有明亮的烛光，不幸还被评上了"人类最糟糕的发明"。原因是塑料是由石油或煤炭中提取的化学石油产品，一旦生产出来就很难自然降解，对生态环境构成极大威胁。有研究表明，塑料埋在地下200年才会腐烂降解。如果采取焚烧处理方式，不但产生大量黑烟，而且会产生迄今为止毒性最大的物质二恶英。大量的塑料废弃物填埋在地下，还会破坏土壤的通透性，使土壤板结，影响植物的生长。如果家畜误食了混入饲料或残留在野外的塑料，也会造成因消化道梗阻而死亡。

2007年12月31日，中华人民共和国国务院办公厅下发了《国务院办公厅关于限制生产销售使用塑料购物袋的通知》。通知明确规定："从2008年6月1日起，在全国范围内禁止生产、销售、使用厚度小于0.025毫米的塑料购物袋"；"自2008年6月1日起，在所有超市、商场、集贸市场等商品零售场所实行塑料购物袋有偿使用制度，一律不得免费提供塑料购物袋"。

常见塑料的性质

种类 性质	高密度聚乙烯塑料	低密度聚乙烯塑料	聚丙烯	聚氯乙烯	聚苯乙烯	聚酯
缩写代号	HDPE	LDPE	PP	PVC	PS	PET
代号	02	04	05	03	06	01
密度（克/立方厘米）	>0.94	0.92~0.94	0.90	1.15~2.00	1.04~1.06	1.37
软化温度（℃）	132~135	112	150	75~90	70~115	265~290

边玩边学化学

种类＼性质	高密度聚乙烯塑料	低密度聚乙烯塑料	聚丙烯	聚氯乙烯	聚苯乙烯	聚酯
物理性质	未着色时呈乳白色半透明，蜡状；用手摸制品有滑腻的感觉，柔而韧，稍能伸长。一般低密度聚乙烯较软，透明度较好；高密度聚乙烯较硬		未着色时呈半透明蜡状；无毒，无味，强度、刚度、硬度、耐热性均优于低压聚乙烯	本色为微透明色彩，分软、硬乙烯，软制品柔韧而黏手，硬制品在折处出现白化现象	在未着色时透明。着色颜色鲜艳。制品落地或敲打，有金属似的清脆声，光泽和透明很好，类似于玻璃，性脆易断裂，用手指甲可以在制品表面划出痕迹	乳白色或浅黄色，透明度很好，强度和韧性优于聚苯乙烯和聚氯乙烯，不易破碎
化学性质	无毒。抗多种有机溶剂，抗多种酸碱腐蚀。易燃，火焰呈蓝色，燃烧时像蜡烛一样滴落，有石蜡味		常见的酸、碱溶液，有机溶剂对它几乎不起作用	稳定；不易被酸、碱腐蚀；耐热性较差，不容易燃烧，离开火立即熄灭，火焰上部呈现黄色，底部呈现绿色，软化能够拉成丝，发出刺激性气味，有毒	化学稳定性比较差，可以被多种有机溶剂溶解，会被强酸强碱腐蚀，不抗油脂，在受到紫外光照射后易变色。受热产生有害物质	无毒

种类\性质	高密度聚乙烯塑料	低密度聚乙烯塑料	聚丙烯	聚氯乙烯	聚苯乙烯	聚酯
常见制品	手提袋、水管、油桶、饮料瓶（钙奶瓶）、日常用品	保鲜膜、塑料薄膜	盆、桶、家具、薄膜、编织袋、瓶盖、汽车保险杠等	板材、管材、鞋底、玩具、门窗、电线外皮、文具	文具、杯子、食品容器、家电外壳、电气配件等	常为瓶类制品，如可乐、矿泉水瓶等

聚氯乙烯

聚氯乙烯是经常使用的一种塑料，它是由聚氯乙烯树脂、增塑剂和防老剂组成的树脂，本身并无毒性。但所添加的增塑剂、防老剂等主要辅料有毒性，日用聚氯乙烯塑料中的增塑剂，主要使用对苯二甲酸二丁酯、邻苯二甲酸二辛酯等，这些化学品都有毒性，聚氯乙烯的防老剂硬脂酸铅盐也是有毒的。含铅盐防老剂的聚氯乙烯（PVC）制品和乙醇、乙醚及其他溶剂接触会析出铅。含铅盐的聚氯乙烯用作食品包装与油条、炸糕、炸鱼、熟肉类制品、蛋糕点心类食品相遇，就会使铅分子扩散到油脂中去，所以不能使用聚氯乙烯塑料袋盛装食品，尤其不能盛装含油类的食品。

另外，聚氯乙烯塑料制品在较高温度下，如130℃左右就会慢慢地分解出氯化氢气体，这种气体对人体有害，因此聚氯乙烯制品不宜作为食品的包装物。电木（酚醛塑料）含有游离苯酚和甲醛，对人体有一定毒性，不适合存放食品和作食品包装。

正确使用塑料袋

虽然塑料食品包装袋是安全的，但在使用中也要注意方法。不要长时间用塑料袋装高温食品。在日常生活中，经常会看到有人用塑料袋装热气腾腾的炸糕、油条等，如果短时间内吃掉，没有太大危害，但长时间把过热的食品捂在袋子里，就会使塑料中的某些物质渗出而影响健康。用微波炉加热食品，最好用微波炉专用塑料袋和专用容器。冰箱里的冷藏、冷冻食品应用保鲜膜，而不要用普通的塑料袋代替。保鲜膜的特殊工艺和原料具备良好的透气和保鲜性能，而普通塑料袋使用时间稍长，就会使食物变质、腐烂，达不到保鲜的目的。

汇报成果

汇报结束后，我们计划动员同学在所在社区介绍有关塑料的知识，希望大家反复利用塑料袋。

33. 斟字写成甚。（打一化学实验仪器）

34 水会生气吗

天气可真闷热，知了在树上叫个不停，树叶也是一副无精打采的样子。小川和爸爸在河边乘凉，河面上一丝风都没有。"可能要下雨了。"爸爸说。"快看，鱼儿从水里跳出来了。"小川用手指着河面对爸爸说。

"爸爸，为什么鱼儿要不时地跳出水面呢？"小川不解地问道。

"天气太闷热了，水生气发怒了。"爸爸笑着对小川说。

"太有意思了，水还会生气。为什么呢？"小川想知道答案。

"和你的伙伴一起找答案吧。"爸爸把问题留给了小川。

求助同伴

回到家，小川马上叫来文文、悠悠、佳佳一起讨论这个问题。

佳佳认为：天气闷热时鱼儿跳出水面，是因为溶解在水里的氧气从水里出来了，水里的氧气量少了。

"溶解在水里的氧气量和哪些因素有关呢？"文文又问道。

"天气闷热说明和温度、气压有关。"悠悠肯定地说。

大家觉得悠悠说得有道理，决定再请教一下问温老师。

温老师听完他们的讲述，让小川和文文查阅资料了解气压和温度对气体在水中溶解量的影响，让佳佳和悠悠他们做实验。

实验一

材料：自来水、250 毫升和 500 毫升烧杯各一只、600 毫升未开启的可乐 1 瓶、气球一只、热水、细线

步骤：

（1）用 250 毫升烧杯从自来水管中取 200 毫升自来水。

（2）将盛有自来水的烧杯放置在室内有太阳的地方照晒，半个小时后，观察烧杯内壁有什么变化。

刚接的自来水　　　　　　　太阳照晒后的自来水

（3）取一瓶未开启的可乐，振荡，观察瓶内有什么变化。用手捏可乐瓶外壁，有怎样的感觉。

（4）将瓶塞去掉，迅速在瓶口系一瘪气球，将可乐瓶放入热水中，观察气球的变化（**注意：气球一定要系紧，不能漏气**）。

（5）将气球取下来。将瓶塞盖紧，再用手捏瓶内壁，有怎样的感觉。

讨论：

（1）溶解在水里的气体量和温度有怎样的关系呢？

佳佳认为：将盛有家庭自来水的烧杯放置在太阳下曝晒，自来水温度升高，烧杯内壁附着许多小气泡。将可乐瓶放置在热水中，可乐温度升高，气球变大。这两个实验都说明温度升高，溶解在水里的气体量减少。

"怪不得喝姜丝可乐时里面几乎没有气泡了。"小川恍然大悟。

（2）溶解在水里的气体量和气压有怎样的关系？

悠悠认为：未打开可乐瓶盖前，用手捏瓶壁，几乎捏不动，说明瓶内气压较大，溶解在水里的气体较多。打开瓶盖，瓶内气压减小，有大量气泡从水中冒出，说明气压减小气体在水中的溶解量减小。

（3）小川和文文也把他们查阅的资料向大家作了汇报。

小结：经过以上实验和讨论，四位同学明白了天气闷热时鱼儿为什么要跳出水面。原来是因为天气闷热时，气温高，气压低，溶解在水里的氧气量减少，鱼儿跳出水面是为了呼吸到更多的氧气。

看到同学们热烈地讨论，温老师赞许地笑了。她告诉同学们还可以有更好的方法使水大怒！

实验二

材料：碳酸饮料，口香糖、烧杯

步骤：

（1）将一块口香糖放入盛有碳酸饮料的烧杯中，观察口香糖变化。

（2）将5块口香糖（量多些效果会更好）放入600毫升的碳酸饮料瓶（或啤酒瓶）中，观察碳酸饮料（或啤酒）变化。

讨论：为什么口香糖会使水中的二氧化碳更快、更多地释放？

听温老师讲解

薄荷糖里除了含有白砂糖、葡萄糖，还有一种阿拉伯胶，这种阿拉伯胶与水接触后使水分子的表面张力大幅度降低，从而释放了水中含有的二氧化碳气体。而碳酸饮料中含有大量的二氧化碳，打开瓶盖与外界接触后，溶解在饮料中的二氧化碳迅速以气体形式释放出来，所以当薄荷糖接触到碳酸饮料后，在薄荷糖表面微小的凹点处的晶核形成点会产生更多的二氧化碳气泡，二氧化碳的瞬间增多，外界压强相对增大，瓶子受到挤压内部所有的液体立刻向上冲出，从而形成喷泉。

生产、生活中我们经常要增大气体在液体中的溶解量，比如生产可乐、雪碧等碳酸饮料，鱼池增氧。其具体的增氧方法有：

1. 注水增氧：把含氧量较高的水或经过一段流程、溶氧量显著增加的新水注入越冬鱼池。要坚决禁止将从井中新抽出的水没有进过一段流程溶氧而直接注入鱼池。

2. 循环增氧：在没有水源的条件下，可将越冬鱼池中缺氧的水通过动力抽出，使水与空气充分接触溶氧，以提高池水的溶氧量，然后再重新注入鱼池。

3. 机械增氧：用增氧机增氧。

4. 充气补氧：利用气泵，将空气压力设置在水中的胶管中，在胶道顶端连一砂滤器或直接在胶管上刺许多小孔，让空气以微小的气泡扩散到水中。提高水与空气的接触面积，增加水体的溶氧量。

5. 化学增氧：目前使用的化学增氧剂有：过氧化钙和过氧化氢等，用量为 10 毫克/升，即每立方米水中加 10～20 毫升，即可起到增氧 1～2 毫克/升的作用。

了解雪碧、可乐等碳酸饮料的生产工艺流程。

化学谜语

34. 金先生的夫人。（打一化学元素）

35　火灾中的化学

情景导入

本周学校宣传栏里的内容是介绍发生火灾时如何逃生，一张张宣传画形象、生动、活泼，引得同学们纷纷驻足观看。小川也进行了观看，其中一幅宣传画的内容

火场逃生的宣传画

引起了小川的思考：浓烟的成分是什么呢？为什么穿过浓烟逃生时要尽量使身体贴近地面，并用湿毛巾捂住口鼻？受灾人员或扑救人员在火灾中伤亡的主要原因是什么呢？

求助同伴

回到班里，小川和文文、佳佳、悠悠四个人一起研究起来。

"可能是高处的浓烟浓度大。因此要尽量使身体贴近地面。"文文说。

"仅仅是因为高处的浓烟浓度大吗？"悠悠反问道。

"用湿毛巾堵住口鼻是防止浓烟吸入人体内。"小川补充说。

"用湿毛巾仅仅是堵住口鼻，防止浓烟吸入人体内吗？"佳佳又提出了疑问。

四位同学决定上网搜集资料并请教老师。

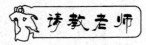

温老师听完他们的讲述，先让他们做了一个小实验。

实验一

材料：6 厘米长的蜡烛，宽 2 厘米、长 5 厘米的碎布条（成分最好是合成纤维），碎塑料片，澄清石灰水，250 毫升烧杯（或茶杯）、250 毫升锥形瓶各一只，带导管的橡胶塞、气球

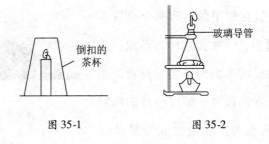

倒扣的茶杯

玻璃导管

图 35-1　　　　　　　图 35-2

步骤：

（1）点燃蜡烛，并将其立于水平桌面上。待蜡烛火焰稳定后拿一只用澄清石灰水润湿内壁的烧杯（或茶杯）将蜡烛罩住（如图 35-1 所示）。观察蜡烛燃烧情况及玻璃杯内壁有什么变化。

（2）将一些碎布条、碎塑料片放在底部铺有少量细沙的锥形瓶中，塞上带玻璃导管和气球的橡皮塞，然后将锥形瓶放在石棉网上加热，观察碎布条和碎塑料片燃烧情况（如图 35-2）。

表面黑色的灼热铜丝

图 35-3

（3）待燃烧完毕，取一根用砂纸打磨光亮的铜丝，绕成螺旋状，一端插入橡胶塞中，另一端在酒精灯上加热至灼热。将表面为黑色的灼热的铜丝迅速伸入锥形瓶中，塞紧橡胶塞，观

察铜丝变化（如图35-3）。

讨论：

（1）为什么燃着的蜡烛、碎布条、碎塑料片会熄灭？

（2）步骤2中气球的作用是什么？

（3）蜡烛、碎布条、碎塑料片燃烧产生了哪些物质？这些物质具有怎样的性质？

（4）物质燃烧产物和氧气的量有怎样关系？

小川认为燃着的蜡烛、碎布条、碎塑料片会熄灭，是因为燃烧消耗了烧杯和锥形瓶内的氧气，同时放出的热量使瓶内气体膨胀，气压变大，气球的作用是调节装置气压，防止锥形瓶中的橡胶塞弹开。

佳佳认为蜡烛、碎布条、碎塑料片燃烧产生了不能供给人呼吸的二氧化碳、有毒性的一氧化碳、不完全燃烧产生的炭黑等物质。

悠悠认为氧气的量越少，燃烧越不充分，产生的物质种类相对多一些。

"二氧化碳、炭黑等固体物质的密度比空气大，这些物质在低处空间浓度大，为什么逃生时还要低头弯腰匍匐行进呢？"文文又提出了问题。

温老师听完大家的讨论，又让他们做了一个实验。

实验二

材料：2支不同长度的蜡烛、火柴、500毫升烧杯（或玻璃茶杯）一只

步骤：

（1）分别点燃两支长度不同的蜡烛，并将其立于水平桌面上。

（2）待蜡烛火焰稳定后拿一只干燥的烧杯（或茶杯）将两支蜡烛罩住（如图35-4所示）。观察两支蜡烛燃烧情况及玻璃杯内壁有什么变化。

讨论：为什么出现这种现象？

总结：

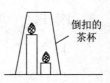

图 35-4

（1）物质燃烧要消耗氧气，会使发生火灾的空间氧气不足或耗尽。

（2）在氧气不充足的情况下，物质燃烧不充分，会产生很多的有害物质，如大量烟雾。

（3）燃烧同时会放出大量的热，使发生火灾的空间内的空气温度较高，产生的大量有害气体向高处扩散，高处有害气体浓度较高（尤其是高层建筑）。低处的气体温度相对低一些，氧气浓度相对高一些。

（4）从意外失火的高楼中逃生时用湿毛巾捂住口鼻，可以吸收一部分有害烟雾气体，降低气体温度，避免热气流对呼吸系统的灼伤。

火灾对人体的多种危害分述如下：

1. 氧气耗尽

人类习惯于在大气 21% 氧气浓度下活动。大量燃烧会消耗氧气，当氧浓度低至 17% 时，肌肉功能会减退，此为缺氧症现象。在氧气浓度 10% ~ 14% 时，人仍有意识，但会出现错误判断力。在氧气浓度 6% ~ 8% 时，在 6 ~ 8 分钟内发生窒息死亡。

2. 火焰和热

燃烧会产生火焰和大量的热，使火灾发生区域温度升高。皮肤若维持在温度 66℃ 以上或受到辐射热 3 瓦/厘米^2 以上，仅须 1 秒即可造成烧伤。由火焰产生的热空气及气体，亦能引致烧伤、热虚脱、脱水及呼吸道水

肿，超过66℃，呼吸便难以忍受。

3．毒性气体

一般高分子材料热分解及燃烧生成物成分种类繁杂，有时多达百种以上。从火灾死亡统计资料得知，大部分罹难者是因吸入一氧化碳等有害燃烧气体致死，此外一部分火灾试验也显示有许多情况下任一毒害气体尚未到达致死浓度之前，最低存活氧气浓度或最高呼吸水平温度即已先行到达，成为致死的原因。

4．烟

烟，是火灾燃烧过程中一项重要的产物，其定义为"材料发生燃烧或热分解时所释放出散播于空气中的固态，液态微粒及气体"。能见度是避难者能否逃出火灾建筑物，及消防人员能否扑灭火灾的影响因素。烟因为有视线遮蔽及刺激效应，会助长人的惊慌。许多逃生情况，烟往往比温度更早达到令人难以忍受程度。烟气中的悬浮微粒也是有害的，危害最大的是颗粒直径小于10微米的飘尘，它们肉眼看不见，飘游在空气中，当呼吸进人体肺部时，黏附并聚集在肺泡壁上，可随血液送至全身，引起呼吸道疼痛，增大心脏病死亡率。

美国疾病控制和预防中心最近发表了一项研究报告说，参加世贸大厦搜救工作的358名消防员和5名紧急医疗服务人员在体检后发现患有呼吸系统的疾病。据报道，这些患病的消防人员在"9·11恐怖袭击事件"的灭火和抢救过程中，大多数都没有配戴安全面具，长时间暴露在有毒气体弥漫的空气中，吸入大量的浓烟，他们患有"世贸中心咳嗽症"，症状表现为鼻窦充血和喉咙、呼吸道及食道刺痛。

汇报成果

我们计划动员同学在所在社区宣传防火救火方法。

化学谜语

35. 学而时习之。(打一化学名词)

36　冰的威力

情景导入

　　放了寒假，小川来到东北的奶奶家玩，正是隆冬季节，他站在院子里浑身上下都感觉冷飕飕的。小川怕冷，于是和堂哥、堂姐在奶奶的热炕上玩耍。细心的小川发现堂哥堂姐的手都冻伤了，原来他们学校教室没有暖气，天气很冷，写字时手特别容易冻伤，他们班里许多同学的手都冻伤了，有的同学的脸、脚也冻伤了。"唉，他们学习可真艰苦。"小川在心里想。大家正在讨论学习的问题时，二婶从外面进来了，说她家的自来水管道冻裂了。"难道冰有如此大的威力能使管道破裂？"小川有些迷惑。

求助同伴

　　开学回到学校，一个假期未见了，同学们你一言我一语地讲述自己在假期里的见闻，仿佛有说不完的话。小川和文文、佳佳、悠悠四个死党聚在一起聊假期里有趣的事。"我和我爸爸妈妈回东北老家过年了，那儿可真冷。自来水管道都冻裂了。"小川深有感触地说。

　　"自来水管道若是空的，可能就冻不坏。就因为里边有水，水会结冰，就把水管冻裂了。"文文说道。

　　"难道冰比自来水管道还硬？冰是很容易弄碎的呀。"悠悠不解地问。

169

佳佳提议去请教温老师。

温老师耐心地听完他们的讲述后,对他们说:"冰和水是我们熟悉的物质,大家都知道只要把水冷却到一定温度就可以变成冰了。而对水变成冰的这个过程却很少有人去关注。冰到底有没有这么大的威力呢?让我们来做个实验。"

实验一

材料:水

用具:两个小塑料瓶(带盖)

步骤:

(1)向两个塑料瓶中加入等量的水,约占瓶容积的95%,拧好盖。

(2)将一个塑料瓶放入冰箱冷冻室,一个放在冰箱外作为对比。

(3)冰箱中的塑料瓶中的水完全结冰后取出,与冰箱外的塑料瓶进行对比,比较瓶内物质的体积并记录。

实验二

材料:一个带盖易拉罐、六只木筷、一个金属盖(如啤酒瓶盖)、万用胶及长胶带

步骤:

(1)向易拉罐里装满水,盖上盖子。

(2)把金属盖置于易拉罐盖的中间,然后用万能胶粘上。

(3)把五只木筷并排放在桌子上,木筷间用胶带粘在一起。

(4)把易拉罐放在木筷上面,注意放的位置要能使木筷的两端伸

出来。

（5）把第六只木筷放在易拉罐上方的金属盖上，并用胶水固定好。

（6）用胶带把上方的木筷与下方的木筷捆绑在一起。

（7）最后把整体置于冰箱冷冻柜中，24 小时后观察现象并记录。

讨论：

两个实验的结果有什么关系？为什么易拉罐上方金属盖上的木筷会绷断？

总结：

水由液态变为固态时体积是增大的，并产生巨大的作用力。

水由液态变为固态时体积是增大的。当水温降低时，它会像其他物质一样收缩，能量降低，分子与分子之间间隔变小，但是当它的温度降低到 4℃时，开始膨胀。即在 4℃以上，温度降低，体积是减小的，当低于这个温度时，温度再降低，水的体积就开始膨胀。当水结冰膨胀时，它能产生难以想象的作用力。例如足够大的能量使得岩石破裂，自来水管冻裂，同样铅笔的折断也是这个作用力的结果。

1912 年 4 月 10 日，英国白星航运公司的泰坦尼克号由英国南安普顿开始其处女航，为赢得北大西洋远洋轮的最高荣誉——蓝飘带奖，船长爱德华·史密斯选择了一条较短的夏日航线横越大西洋，冬季的航向通常不走这条航线以避免与冰山相撞。但船长史密斯仍以 22 节（等于时速 41 千米）全速穿越北大西洋的冰川地带向前航行。14 日 23 时 45 分，这条全长 269 米的巨轮与冰山相撞，右舷至船身中央被撕开一道 90 米的裂缝，海水大量涌入船身。15 日凌晨 2 时 20 分沉没，有 1513 名乘客丧生，仅有 711 人生还。

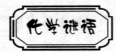

上网查阅资料了解寒冷地区防冻方法。

36. 乔太守乱点鸳鸯谱。(打一化学名词)

37　荒野求生

系列片给中国地区的观众带来终极野外生存指南,小川对于影片中介绍的
各种求生手段很感兴趣,他发现不管在哪种环境下,人们必须寻找无毒的
水,这些水有的来自于雨水,有的来自于生物体、地下水,甚至来自冰
川。只要有水,在荒野中就有了一半幸存的可能。那么,除了影片中介绍
的方法,还有没有其他取水方法呢?

小川把他的想法告诉了其他同学,同学们都很感兴趣。小文问:能不
能把海水中的水取出来呢?小佳说每年到梅雨季节,感觉空气也都很潮
湿,除了把雨水收集起来利用,空气中的水能取出来么?

小悠听到这,说:"下雨不就是大自然把空气中的水取出来了么。"

"对呀!"

"但是如果你需要的时候偏偏不下雨,另外像沙漠这些长年不下雨的
地方怎么办呢?"

温老师听完他们的讲述，肯定了他们的想法，并让他们做了一个实验。

实验一

材料：水盆、杯子、保鲜膜、水、小石块

步骤：

（1）如图37-1，将水盆中倒入半盆水，加入盐直到有少量盐不能溶解，搅拌均匀。

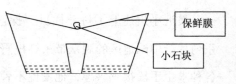

图 37-1

（2）将空杯子置于盆中间，用保鲜膜将盆口封严，将小石块置于保鲜膜中间，使得保鲜膜倾斜成一定的坡度，最低点恰好对着杯口。

（3）将盆放到阳光底下 1~2 天后，观察现象（盆中、膜上及杯中）。并取出杯中少量水品尝。

讨论：为什么杯子里会有清淡的水？盐为什么没有跑到杯子中呢？

实验二

材料：小盆、保鲜膜、石头、冰块

步骤：

（1）如图37-2，将冰块放入小盆中，用保鲜膜将盆口封好（保鲜膜稍松）。

（2）把干净的小石块置于保鲜膜中间使得保鲜膜斜出加大角度的坡，观察现象（盆中、膜上）。

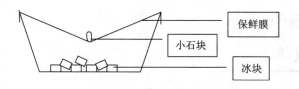

图 37-2

讨论：为什么会出现这种现象？

听温老师讲解

水受热会蒸发，遇冷又会凝结。将水蒸发后再冷凝的方法叫做蒸馏。在一些缺乏淡水的中东国家，他们就利用蒸馏的方法将海水淡化：先把海水加热，由于海水中的其他成分沸点较高，无法变成蒸气出来，水形成水蒸气后通过冷凝管冷凝，便取得了宝贵的淡水。

干燥的沙漠，四处见不到一点湖泊、河流和地下水的影子，到哪里去寻找饮用水呢？研究人员最近发明了一个新方法：向无处不在的空气要水。

研究人员发现：即使是在沙漠里，空气中仍含有可利用的水分。在以色列内盖夫沙漠中，空气的年平均相对湿度是64%，相当于每立方米空气中含有11.5毫升水。

研究人员利用盐水的吸湿作用吸收空气中的水分。第一步：让盐水从一个塔形装置顶部流下，并在这一过程中吸收空气中的湿气。然后将盐水泵入一个数米高的真空容器，再利用太阳能加热因吸收湿气而被稀释的盐水，蒸馏出不含盐的水分。之所以使用真空容器是为了使这种盐水在远低于100℃时就可以沸腾，从而降低蒸馏过程的能耗。

在我们的一生中可能会遇到非常恶劣的环境，我们要善于应用学过的知识来帮助我们！

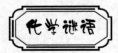

查阅资料，了解更多在野外取水的方法。

化学谜语

37. 药方照旧。（打一化学物质）

38　服装干洗法

周末到了，小川同学和妈妈去干洗店洗衣服。爸爸的毛料西装，妈妈的羊绒衫、裙子都需要干洗，洗衣费用还挺高的。"为什么这些衣服要干洗呢？要是在家里能用洗衣机洗多好呀，简单、方便，还省钱。"小川问妈妈。

"毛料衣服和一些化纤衣料遇水容易缩水、变形，产生许多皱折，只能干洗。"妈妈对小川说。

洗衣店里的衣服可真多，服装干洗的原理是什么呢？工作人员是用什么洗衣服的呢？小川很想知道。

小川把自己的想法说给佳佳、文文、悠悠听，他们也很想了解有关服装干洗的知识。

"干洗顾名思义就是不用水洗。"文文说。

"不用水洗，油污如何除掉呢？"小川不解地问。

"可能是用了一种特殊的物质，将油污溶解在该物质中。"佳佳若有所思地说。

什么样的物质能溶解油污呢？和用洗涤剂去油污原理相同吗？

四位同学决定请教老师。

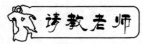

温老师听完他们的讲述，先让他们做了一个小实验。

实验一

材料：植物油、汽油、洗涤剂、水

用具：三只试管、胶头滴管

步骤：

（1）取三只试管，分别编号为①号、②号、③号。

（2）在①号、②号试管里放少量水，③号试管里放少量汽油，两种液体体积相同。用胶头滴管分别向三只试管里滴加四滴植物油。振荡试管。静置后，观察植物油在三只试管里的分散情况并记录。

（3）向②号试管里滴加少量洗涤剂，震荡试管，静置后，观察现象并记录。

（4）将三只试管里的液体倒掉，观察三只试管内壁有什么不同。

（5）用水冲洗①号、②号试管，③号试管静置在空气中一段时间（或在火焰上方烘烤一下），再观察三只试管内壁有什么不同。

（6）用水冲洗①号、②号试管，③号试管静置在空气中一段时间，再观察三只试管内壁有什么不同。

讨论：为什么用水冲洗完①号、②号试管后，①号试管内壁还有油滴，而②号试管内壁却没有了？

温老师听完大家的讨论，又让他们做了一个实验。

实验二

材料：毛料布边2块、植物油、四氯化碳、带盖的杯子2只、圆珠笔

油（油性）、酒精

用具：带盖的杯子 2 只

步骤：

（1）在一块毛料布边上滴一点植物油，在杯里倒入一些四氯化碳，把毛料布边放进去；盖上杯盖，把杯子拿起来摇晃几下，然后放置半小时；取出毛料布边，拧干，观察油污是否消失了。

（2）在另一块毛料布边上滴一点圆珠笔油（油性），在另一只杯里倒入一些酒精，把毛料布边放进去；盖上杯盖，把杯子拿起来摇晃几下，然后放置半小时；取出毛料布边，拧干，观察油污是否消失了；

（3）在另一块毛料布边上滴一点圆珠笔油，在另一只杯里倒入一些酒精，把毛料布边放进去；盖上杯盖，把杯子拿起来摇晃几下，然后放置半小时；取出毛料布边，拧干，观察油污是否消失了。

讨论：为什么会出现这种现象？

总结：

（1）油污不溶于水；油污能溶于汽油、甘油和酒精等有机溶剂。汽油、甘油和酒精等溶剂有挥发性，可将油污带走。

（2）洗涤剂可以把大的油滴分散成小的油滴，使小油滴随水冲走。

听温老师讲解

溶解性是指物质在溶剂里溶解能力。溶剂种类与物质溶解性的关系可以被概括为："相似相溶。"意思是说，极性分子组成的溶质易溶于极性分子组成的溶剂，非极性分子组成的溶质易溶于非极性分子组成的溶剂（如苯、汽油、四氯化碳、酒精）。"极性分子"、"非极性分子"是表示物质结构特点的两个名词，大家以后会学到。水分子是极性分子，所以水就是极性溶剂，组成植物油、汽油的分子是非极性分子，汽油是一种非极性溶剂。因此植物油不溶于水，却能溶于汽油。水和非极性溶剂是不能互溶的。

干洗就是不用水洗涤衣物，而是用溶剂来去除油污或污渍，由于溶剂中几乎不含水分，所以称之为干洗。干洗使用的溶剂具有挥发性，极易去掉。干洗溶液剂主要有三类：

a. 氯代烃合成溶剂，最常用的是四氯乙烯（PEKCRO），它安全性好，脱脂去污能力强，但它对金属有较强的腐蚀作用，其水解主物有毒，对土壤、水质和人体造成危害。另外，它对塑料、尼龙等制品有较强的溶解作用，所以，洗涤时必须将这样的饰物（如纽扣等）取下。

b. 氯氟溶剂，其典型代表为三氯三氟乙烷（CFC－113）等，它无毒，不可燃，对橡胶、多属化纤无腐蚀性，洗净度高于四氯乙烯。但此类溶剂破坏大气的臭氧层，已被禁止使用。

c. 碳氢溶剂，即石油溶剂，洗涤效果好，用此类溶剂洗完后的衣物，无四氯乙烯洗涤常有的异味，对人体和环境无污染。过去因其安全性较差，曾被淘汰，现在随着科学技术的发展，安全性已被解决，因而，越来越得到干洗业主的青睐。

洗涤剂的主要成分是表面活性剂，表面活性剂是分子结构中含有亲水基和亲油基两部分的有机化合物。在用洗涤剂清洗时，亲油基与油污紧密结合而亲水基与水分子紧密结合，当揉搓时由于分子运动加剧，衣物上的油污便被抻了下来溶入水中，最终被水带走达到去油效果。

"没想到洗衣服还洗出这么多学问！"小川感慨道，"我想把我们的实验和想法告诉同学们。"

"好啊!"小川的提议得到了大家的赞同。

我们计划动员同学在这个学期帮父母每周洗一次衣物。

化学谜语

38. 轻而易举算方程。(打一化学名词)

39　染发与发质健康

佳佳有一个妹妹，上小学三年级，过几天就是妹妹的生日，妹妹最喜欢芭比娃娃，于是佳佳去商店给妹妹买，佳佳看见售货员阿姨打扮得特别像芭比，尤其是一头金黄色的头发，简直和芭比一模一样。"阿姨，你的头发真漂亮！"佳佳在心里说，可是同时她又想到了一个问题："黑头发是怎么变成金黄色的?"买了芭比娃娃，佳佳回到了家里。

第二天上学，佳佳问小川："你知道黑头发是怎么变成金黄色的吗?"

小川说："可能使用了染发剂吧。"

悠悠说："染发剂不止能将黑头发染成金黄色，还可以染成红色、褐色等各种颜色。"

文文说："白发还可以染黑呢，我奶奶就把满头白发全都染黑了，看上去年轻了 10 岁。"

佳佳问温老师："老师，如果您也把头发染成金黄色，一定会更漂亮。"

温老师说："谢谢夸奖，但是染发对发质有一定的伤害。"

"是吗？"

"会有怎样的伤害呢？"

温老师说："要解答这个问题，我们需要采集一些头发的样品，给大家一个星期时间，请大家采集发样，一周后到我的实验室来，我们一起来研究。"

每人分别从 3 位 15 岁的中学生，以及 2 位 28 岁的成年人处，剪回其未经染烫过的发样少许，用于做实验对比。

实验一

材料和用具：染发剂、千分尺、弹簧拉力称、标有厘米刻度的圆形笔、笔记本、可以上网的电脑等

步骤：

（1）染发

取每位实验者的发样各一半，按 1∶10 的比例将洗涤剂稀释，分别把发样在其中浸泡三分钟后，用手轻轻揉搓，以洗去头发表面的油脂和污垢，然后再用水冲洗干净；按照染发剂使用说明，将染发剂与焗油膏以同等用量（1∶1）搅拌均匀，然后用小牙刷，反复均匀地涂抹在发样上；待放置一小时后用大量水冲洗干净，染发程序完成，发样晾干后即可进行实验对比。

（2）进行染发前后头发韧性对比

取每位实验者染过和未染过的头发发样各数根，经千分尺测量过之后，分别选取直径相近的发样进行实验。将 5 牛顿弹簧秤上端固定，使其

保持垂直。将每根头发的一端固定在弹簧秤挂钩上，另一端用戴有指套即干燥的手指缠住（弹簧秤挂钩至手指之间的头发长度均为 15 厘米），并缓慢用力向下拉，直至头发被拉断，即时读取弹簧秤显示数值，并记录。

（3）进行染发前后头发弹性对比

取每位实验者染过和未染过的发样各数根，经千分尺测量后，挑选出直径相近的发样进行实验。实验时，将每根头发的左端缠绕在一只较粗的且标有准确厘米刻度的圆笔杆上，用胶条固定，并使发端与 0 厘米刻度对齐；发丝右端用结实的铁夹子夹住，且夹子的位置保持固定（0 刻度与铁夹之间的头发长度均为 15 厘米）；缓慢转动粗笔杆，由于头发有弹性发丝被逐渐拉长，当头发弹性达到极限时被拉断，即时读取笔杆上显示的厘米数值，并记录。

进行实验时，实验次数越多越有说服力，每份发样至少应进行 10 组对比实验。实验结束后，可对各组数据分别从不同角度进行分析，看看都能获得哪些比较结论。

根据有关资料显示，头发健康的标准包括：柔亮有光泽、易梳理；头发有弹性；韧性好，不易折断；脱发量在每天不超过 50～100 根等。我们根据这一资料，对于头发的弹性及韧性进行了染发前和染发后的对比，发现无论是成年人还是未成年人的发样经染过后，无一例外均出现头发韧性弹性受损的情况。

我们来认识染发剂的种类：染发剂主要分为合成染色剂、无机染色剂和植物类染色剂等几种。合成染色剂有一定的毒性；无机染色剂中含铅、镍、铋等多种重金属元素，其中有相当一部分有致癌作用；植物染色剂，是采用天然植物原料制成的染发剂，对人体对环境均无危害，但目前推向市场的并不多，且价格昂贵，因此生活中使用的绝大多数是前两种染发剂。

我国国家质检总局 2002 年第一季度进行的染发剂产品质量监督抽查中，共抽查了北京、上海、广州等 5 个省市，36 家企业生产的 40 种染发剂产品，合格产品为 30 种，抽样合格率仅 75%。

所以中学生守则上明确规定中学生不能染发烫发，是为了大家的健康。

汇报成果

1. 查找资料

（1）染发剂中都含有哪些成分？这些成分可能会对发质和健康造成什么影响？

（2）国家评定染发剂的合格标准是什么？

2. 制作调查问卷进行社会调查

了解人们对染发的目的，及染发是否会损害发质等一些问题的认知程度。调查后，可分别从调查对象的年龄、职业、经济实力、染发目的等多角度进行分析、对比，写出调查报告。

3. 做市场调查

去各大商场、超市，了解市场上常见的染发剂种类、价格、销售情况等，特别对于商品包装上所介绍的产品成分给予关注，进行记录。调查后，根据从网络、各种资料上获得的有关信息，了解哪些类产品是符合国家健康标准、对发质和健康相对无害的，而这些类产品在市场上所占的大致份额是多少。有条件，还可挑选其中几类产品，给发样染色后进行对比实验，获取相关结论。

4. 推广和宣传

如你的研究结论证实了染发的确对发质有损害，你可将研究报告在学校中进行宣传，以此告诫那些为追求美和个性准备染发的同学，让他们明白，美应建立在自然健康的基础上！

39. 双手抓不起，一刀劈不开，煮饭和洗衣，都要请它来。（打一化学物质）

40　洗衣服的学问

情景导入

　　周末到了，小川帮妈妈洗衣服。他像妈妈每次洗衣服前一样，先在一个大洗衣盆里放好洗衣粉，然后打了大半盆水，眼看洗衣服的泡泡都要出来了才关上水龙头。

　　要洗哪些衣服呢？他开始在房间里四处看：这有一条爸爸的脏裤子，还有一件妈妈的衬衫，放到盆里吧。太少了！妈妈把脏衣服都放哪里了呢？哦，对了，妈妈有一个洗衣篮，平时都把脏衣服放那儿！打开洗衣篮，小川看到了满满的一篮衣服。

　　"多亏我动手快！不然这些衣服又要辛苦妈妈洗了。"

　　小川把衣服放到盆里，衣服都漂在水面上，他用手一按，"哗……"水流了一地。怎么回事？

求助同伴

　　擦了地，小川给文文打了电话，文文叫来了佳佳和悠悠，四个人一起研究起来。

　　"一个盆不能既盛水又放衣服。"文文说。

　　"可平时妈妈就是用一个盆放了水洗衣服的呀。"小川不解地说。

"是衣服太多了。"佳佳把几件衣服放到了另一个盆里。

小川伸手把衣服再次按到盆里，水没有溢出来。看来佳佳说对了。

衣服被水浸湿了，盆里又有了空地。小川把另一个盆里的衣服一件一件的往回放，边放边按，不一会儿，衣服就全都放了进去。

怎么回事？——四个人都愣住了。看来不是衣服太多了。

是不是开始放的水太多了？——但看看盆里，还应该加一些水才能洗衣服。而且现在盆里也有地方放水。

四位同学决定请教老师。

请教老师

温老师听完他们的讲述，先让他们做了一个小实验，这是一个他们在小学时曾经做过的实验。

实验一

材料：3 个大小不一的杯子（大小差距大些为好，最好是玻璃杯，方便观察）、几种大小不同的豆子（例如：芸豆、红小豆、绿豆，有小米就最好了）、水

步骤：

（1）将杯子按照由大到小的顺序编号：最大的杯子为①号，其次为②号，最小的杯子为③号。

（2）在①号杯里放大的豆子，在③号杯里放最小的豆子，②号杯放第三种豆子。倒满，用手把豆子抹平。

（3）把②号杯里的豆子慢慢往①号杯里倒，看到豆子堆成一个小山，要滑落下来时就停止。摇一摇，观察豆子能不能进到杯子里。如果能就继

续倒豆子。满了再摇。直到不能再倒为止。

（4）把③号杯里的豆子慢慢倒进已经有两种豆子的①号杯里，看到豆子冒尖就停止，轻轻地摇一摇杯子，有了空地就继续倒豆子。满了再摇。直到不能再倒为止。

（5）慢慢往杯子里倒水，观察能不能倒进去一些。

讨论：为什么①号杯里装满了豆子还能再容纳其他豆子？倒了三种豆子以后，为什么还能加进去水？

温老师听完大家的讨论，又让他们做了一个实验。

实验二

材料：一个特质的玻璃管（如图）、配套的胶塞、水、酒精（为了方便观察，可以向水中加一些红墨水）

步骤：

（1）将玻璃管倾斜，先向管内倒入水，至下方虚线处。再向管内慢慢倒入酒精，至细颈上端（注意：尽量不要洒出酒精。如有遗洒，尽快用湿抹布擦去）。

（2）塞紧塞子。将玻璃管倒置。待没有气泡上浮后，再翻转回来。反复三次。

（3）静置观察管内液面并记录。

讨论：为什么出现这种现象？

总结：

（1）大的物质间存在间隙，例如各种豆子。豆子越大，豆子间的间隙越大。小豆子可以进入大豆子的间隙里。

（2）微小的物质间也存在眼睛看不见的间隙，例如构成水的微粒间有间隔。构成酒精的微粒可以进入构成水的微粒的间隔里。

（3）组成衣服的物质间也存在间隙，构成水的微粒可以慢慢进入其间。

组成水的微粒叫"分子"，分子间存在着引力和斥力，这两种力较量的结果就使得任意两个水分子间都有一定的间隔。

通常来说，4℃时水的密度最大，这时候水分子间的间隔最小。水降温结成冰时，水分子间的间隔都会变大，所以冰漂在水面上。随着温度的升高，水分子间的间隔也逐渐增大，如果把水放置在敞口容器中，水就逐渐蒸发了。水变成蒸气后，水分子之间的间隔比液态水的分子间隔大。

"没想到洗衣服还洗出这么多学问！"小川感慨道，"我想把我们的实验和想法告诉同学们。"

"好啊！"小川的提议得到了大家的赞同。

我们计划动员同学在这个学期帮父母每周洗一次衣物。

40. 杞人忧天。（打一化学名词）

41　如何区分铁罐和铝罐

情景导入

"这个1毛，这个7分，这个1分。废纸8毛钱1千克。"

星期天家里进行大扫除，小川帮妈妈把家里的废纸和各种空瓶子收到了一个大袋子里，搬到了楼下。现在废品回收已经被正式成为"资源回收"了。看！这位，以前叫"破烂王"，现在叫"资源回收工作者"。几年功夫，当初的板车已经鸟枪换炮，变成了小卡之星，还是符合欧Ⅲ标准的好车呢！

"这个罐为什么才1分钱？"小川不解地问收废品的叔叔，"那个罐不是1毛钱嘛？"

"这个是铁的，那个是铝的。不一样。"叔叔笃定地说。

小川一听，愣了。"你怎么知道？"

"你看。"两个罐的底并排放到了小川眼前。"颜色就不一样。你再捏捏。"

小川发现两个罐的罐底看起来一个亮些，一个暗些。捏了捏，好像软硬也有些差别。

"看起来差不多呀！"

"你要不放心，回去拿吸铁石试试就知道了。"叔叔说。

回到家，小川给好朋友们打了电话。把自己的疑惑说了出来："你们说，铁罐和铝罐该怎么区分呀？我卖的两个罐外形一样，也是一个公司的，就是装的饮料不一样。为什么一个用铁罐装，一个用铝罐装呢？"

请教老师

几个人找了不同的饮料罐找到温老师。"老师，我们想在您这做几个实验。看看铁和铝有什么区别。"

"好呀！不过，你们别用罐了，我这儿有铁片，还有铝片，用起来更方便。你们的还可以留着卖呢！"温老师一席话，让几个同学倍感亲切。

"除了铁片、铝片，你们还想要什么药品？"这个问题可把几个人难住了。

"老师，我们应该怎么区别铁和铝呢？"

"我们一起做实验吧。"

实验一

铁、铝物理性质比较

药品：铁片、铝片、吸铁石

用具：砂纸

比较项目	比较方法
颜色、光泽	观察、比较
磁性	用吸铁石分别吸引铁片和铝片，观察哪一个能够被吸起来

边玩边学化学

硬度	用铁片在铝片上用力刻画。再用铝片在铁片上用力刻画。观察哪一片上有划痕。有划痕的说明硬度小，没有划痕的说明硬度大（或用玻璃刀在两片金属片上刻画，比较划痕的深浅）
熔点、沸点、密度	查找数据
导电性、导热性	查找数据
延展性	查找资料
⋮	

实验二

铁、铝化学性质的比较

药品：铁片（长条形铁片或铁钉）、铝片（长条形）、稀盐酸（或醋酸、稀硫酸）、稀氢氧化钠溶液、水

用具：砂纸、试管

比较项目	实验方法
是否与酸性物质反应	将铁片、铝片分别用砂纸打磨，使银白色的光泽更加明显。分别放入一个试管中，加入等量的稀盐酸。比较生成气泡的速度。当现象明显时，停止实验，将剩余液体倒入废液缸

是否与碱性物质反应	将铁片、铝片分别用水冲净，放入两个试管中，加入等量的稀氢氧化钠溶液。比较是否生成气泡。当现象明显时，停止实验，将剩余液体倒入废液缸
是否易生锈	将铁片、铝片分别用水冲净，放入两个试管中，加入等量的水，使水浸没一半左右的金属片。观察金属片是否生锈。（时间较长）当现象明显时，停止实验，将剩余液体倒入废液缸。将剩余铁片、铝片分别用水冲净，擦干，还给老师

实验总结：铁与铝的相似与不同。

听温老师讲解

"温老师，您再给我们多介绍一些铝的情况吧。"

"好！"我就给大家说说铝吧：

1. 铝是一种轻金属。就像大家看到的，纯净的铝是银白色的，柔软、有光泽，有很好的延展性，可塑性强，易加工，可制成铝箔，用于包装。而且为了美观，还可着色或染上纹理图案。比纸还薄的纳米级铝箔被越来越多地应用到食品、药品包装中。

2. 铝被誉为"会飞的金属"，铝合金重量轻、强度大，具有良好的耐热性和耐核辐射性，广泛用于运载工具制造业，是制造飞机、飞船、潜艇、船舶、汽车、火车、导弹、火箭、人造地球卫星等陆海空运载工具的主要结构材料。

3. 铝又有"绿色金属"之称。铝是最节能的金属，虽然它在冶炼时能耗较大，但在炼成之后其节能的优势无与伦比，用铝和铝合金制造的各种车辆，由于减轻了自重，减少了油耗，其所节省的能量远远超过炼铝时所消耗的能量。

4. 铝的导热性能好，是制造散热器、暖气管、空调等热传导设施和器具的首选材料；铝的导电性价比高，是制造发电、输电设施的主要材料。

5. 在高温时，铝可以用于冶炼高熔点的金属（这种冶炼金属的方法称为"铝热法"）。不同的含铝化合物在医药、有机合成、石油精炼等方面发挥着重要的作用。铝及铝合金在很多应用领域中被认为最为经济实用，是国民经济发展的重要基础原材料。

6. 铝被称为"永不消失的金属"，它耐腐蚀，不生锈，再生铝的特性与原生铝几乎没有差别，可以一次又一次地反复循环使用，可回收率超过93%，是生命周期最长的金属。

"确实如此！我们周围铝制的东西太多了。"

"我们家就有一个锅是铝的。窗户是铝合金的。"大家纷纷说出身边的铝制品。

汇报成果

查找资料

"老师，我们知道了铝的情况，现在我们去查找一些铁的情况，一会儿回来再向您请教。"

"好，你们能主动查找资料，非常好！"

"老师，现在我们知道了铁和铝是不一样的金属，那么是不是就因为这些原因，使它们在卖的时候价格不一样呢？"

"其中最重要的原因是什么呢？"

"既然你们能来找我讨论交流，为什么不去找回收的人呢？"

调查访问

1. 访问"资源回收工作者"

（1）废品回收价格的决定因素；

（2）铁、铝原料及产品的价格比较。

2. 了解一段时间以来（比如半年、一年等），铁和铝两种金属原料和制品的价格。

"你们说，这饮料罐用铁罐好还是铝罐好？"小川问。

"我觉得还是铁罐好。我查资料时看到铁是血红蛋白的重要部分，每天都有摄入一定量的铁。喝饮料顺便补了铁不是一举两得嘛！而铝能引起老年痴呆。"悠悠说。

"铁还得从食物中补充。同样，我们要少接触含铝高的食品。至于这易拉罐，还是铝的好，轻，带着方便。"大家你一言我一语地争论起来。

化学谜语

41. 每逢佳节倍思亲。（打两种化学元素）

化学谜语谜底

1. 铬铕钚铜铯

2. 镓铕金银钚锶镁铯

3. 钙

4. 硼

5. 氚

6. 钼

7. 质子

8. 中子

9. 汞硫铅氙

10. 分子

11. 化学键

12. 升华

13. 脱水

14. 饱和

15. 烷

16. 还原

17. 无机

18. 分解反应

19. 白磷

20. 石灰

21. 硫酸铜

22. 漏斗

23. 试剂

24. 温度计

25. 铜与浓硝酸反应，硝酸铜与铁反应

26. 胶头滴管

27. 氧

28. 置换

29. 干冰

30. 水、汽、冰

31. 石棉

32. 火柴

33. 漏斗

34. 钛

35. 常温

36. 复分解

37. 还原剂

38. 溶解

39. 水

40. 过滤

41. 锶镓